JN125861

品質管理に役立つ

QC手法
ツールボックス50
50の手法と9つの組合せ活用例

今里健一郎【著】

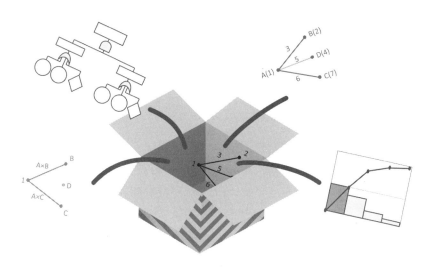

日科技連

ま え が き

　どの手法を使えばこの問題が解けるのか、課題達成で取り組みたいがギャップ表をどう使えばよいかわからない、などと思案したが、結局口頭説明とグラフで済ませてしまった。このような経験はないでしょうか。

　このようなときに役に立つことができれば、という想いから、本書『品質管理に役立つ QC 手法ツールボックス 50』をまとめました。

　本書は、品質管理に役立つ QC 手法の概要と活用方法を添えて図解で理解しやすくまとめています。本書は、以下のように構成しています。

　序章では、本書で解説する品質管理に役立つ 50 の QC 手法と改善の目的別組合せを 9 つマトリックス図で示しています。このマトリックス図から皆さんが取り組もうとされている目的に見合った QC 手法を見つけてください。

　第 I 部は、50 の QC 手法について個々の手法ごとに、概要、適用、解析手順、活用ポイントと活用例を紹介しています。

　第 II 部は、改善の目的別に QC 手法を組み合わせた例を紹介しています。

　本書の出版に際して、企画を強力に進めていただいた、㈱日科技連出版社の戸羽節文社長を始め、多くの方々のご尽力およびご意見をいただいたことにお礼申し上げます。さらに、この本を読んでいただいた方からのご意見などを心待ちにしている次第です。

2019 年 12 月

今里　健一郎

目　次

第Ⅱ部　改善の目的別 QC 手法の組合せ編 173

ツールボックスと
手法の組合せ例

序章

　品質管理で用いる QC 手法は、検定と推定、分散分析、分割表、相関分析、回帰分析と実験計画法などの統計的手法を中心に発達してきました。

　1960 年に誰もが使える手法としてまとめられたのが QC 七つ道具であり、当時、製造部門を中心に活動してきた現場の改善活動に広まりました。QC 七つ道具は、パレート図、特性要因図、ヒストグラム、グラフ、チェックシート、散布図と管理図の 7 つの手法から構成されています。

　1970 年ごろ、製造業で成果をあげた QC 活動を事務系や管理部門に広がりに対応させるために、言語データ解析手法として新 QC 七つ道具がまとめられました。新 QC 七つ道具は、親和図法、連関図法、系統図法、マトリックス図法、アローダイアグラム法、PDPC 法とマトリックス・データ解析法から構成されています。

　そして、商品企画七つ道具が発表されました。商品企画七つ道具は、グループインタビュー、アンケート、ポジショニング分析、コンジョイント分析、チェックリスト発想法、表形式発想法と品質表の 7 つから構成されています。

　最近ではパソコンの普及に伴いビッグデータの解析を行う多変量解析（主成分分析、重回帰分析、クラスター分析）も手軽に使えるようになりました。

　また、管理部門や事務部門では、業務効率化を進めるうえで品質とコストの両立を図るため、プロセス改善や IE、VE が見直されてきました。

　ツールボックスとして活用いただくため、これらの手法を 50 ピックアップしてまとめたのが本書です。さらに、これらの手法を活用した改善の目的別組合せ活用例として、9 つの組合せ例を紹介しています。改善の目的は、問題解決、課題達成、未然防止、事務部門、販売部門、サービス部門、最適水準となぜなぜ分析です。

　組合せ例①　特性要因図による原因の追究

　組合せ例②　ギャップ表による課題の明確化

　組合せ例③　品質リスク分析による未然防止

　組合せ例④　プロセス分析による事務業務の改善

　組合せ例⑤　販売部門の売上分析

組合せ例⑥　サービス部門のニーズの可視化

組合せ例⑦　品質機能展開による商品開発

組合せ例⑧　実験計画法による最適水準の決定

組合せ例⑨　なぜなぜ分析で原因追究

●**品質管理に役立つ 50 の手法と 9 つの組合せ例**

手法 ＼ 改善の目的	①問題解決	②課題達成	③未然防止	④事務部門	⑤販売部門	⑥サービス部門	⑦品質機能展開	⑧最適水準	⑨なぜなぜ分析
1. グラフ	◎	◎	◎	◎	◎	◎	◎	◎	◎
2. 特性要因図	◎							◎	
3. パレート図	◎				◎				
4. ヒストグラム	◎								
5. 正規分布									
6. 工程能力指数								◎	
7. 平均値の検定								◎	
8. 平均値の差の検定								◎	
9. 分散比の検定									
10. 不良率の差の検定									
11. 欠点数の差の検定									
12. 分割表									
13. 一元配置実験								◎	
14. 二元配置実験								◎	
15. 乱塊法実験								◎	
16. 直交配列表実験								◎	
17. 散布図					◎			◎	
18. 相関分析					◎			◎	
19. 無相関の検定					◎			◎	
20. 単回帰分析									
21. 管理図	◎								
22. 親和図法							◎		
23. 連関図法					◎				
24. 系統図法	◎	◎				◎	◎		◎

●品質管理に役立つ50の手法と9つの組合せ例　つづき

手法＼改善の目的	①問題解決	②課題達成	③未然防止	④事務部門	⑤販売部門	⑥サービス部門	⑦品質機能展開	⑧最適水準	⑨なぜなぜ分析
25. マトリックス図法	◎								
26. アローダイアグラム法									
27. PDPC法			◎						
28. マトリクス・データ解析法						◎			
29. アンケート									
30. 結果のグラフ化						◎			
31. クロス集計						◎			
32. 構造分析						◎			
33. 重回帰分析									
34. ポートフォリオ分析		◎				◎			
35. クラスター分析						◎			
35. SWOT分析					◎		◎		
37. ギャップ表		◎		◎			◎		
38. 品質表									
39. FMEA							◎		
40. FTA							◎		◎
41. 工程FMEA			◎						
42. リスクマトリックス			◎						
43. エラープルーフ化			◎						
44. IE									
45. プロセス分析			◎	◎					
46. VE							◎		
47. 発想チェックリスト法		◎					◎		
48. 焦点法		◎					◎		
49. アナロジー発想法		◎					◎		
50. ベンチマーキング		◎					◎		

◎：組合せ例で活用している手法

QC手法
ツールボックス編

第I部

グラフ(QC 七つ道具)

(1)　概　要

　グラフとは、互いに関連する2つ以上のデータの相対的関係を表す図であり、全体の姿から情報を得る簡単な手法です。

　グラフは、物事をいろいろな角度から見ることができます。例えば、レーダーチャートを書けばバランスが見え、強みや弱みが発見できます。横軸に時間をとった折れ線グラフを書くことによって、過去からの変化や将来の予測ができます。また、棒グラフで他所と比較すれば、自分のポジションを確認することができます。

(2)　適　用

　事務、販売、サービス、製造、技術などあらゆる部門において、数値データをとったときに全体を見やすくすることができます。

(3)　活用のポイント

1)　バランスを見るレーダーチャート

　レーダーチャートを書くときのポイントは、「何を比較したいのか」を明確にし、項目(軸)の順序をよく検討して作成することです。

●模擬試験の結果を全国平均と比較したレーダーチャート

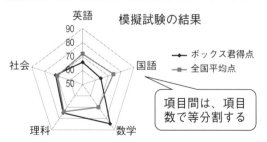

2)　トレンドを見る折れ線グラフ

　折れ線グラフ(時系列グラフ)を書くことで、過去から現在までの増減傾向(トレンド)が読み取れます。さらに、現在までの変化から将来を予測できます。

●処理完了件数の推移を月別の変化で見た折れ線グラフ

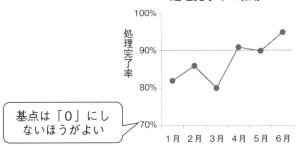

3)　ポジションを見る棒グラフ

　棒グラフ(比較グラフ)を書いてポジションを見るとき、数値データは比較できるベースを整える必要があります。つまり、絶対数値で比較できる場合はそのままのデータで比較します。

●売上高の推移を場所別で見た棒グラフ

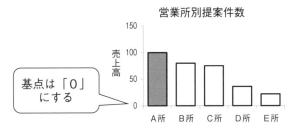

(4)　グラフの見方

　問題に急激な変動、緩慢な変動、周期的な変動など、時間傾向の特徴があると考えられる場合は、これまでのデータや観察データをもとにして、問題の発生頻度や成果の特性値の時間傾向を調べることによって、問題の特徴を把握します。特に、変化点に着目し、このとき環境の変化(システムや担当者の変更)があったのかどうかを調べます。

　例えば、トラブル発生状況の時間変化を取り上げてグラフに書いたのが下図です。この結果から、Aのように「急激な変動」であったならば、急に変動しだした変化点で何が起こっていたのか調べます。Bのように「緩慢な変動」であったならば、仕事にしくみが周りの環境の変化に追従しているかどうか調べます。さらに、Cのように「周期的な変動」があったならば、季節的要因と問題との関連を調べてみる、といったように問題の傾向と背景を調べます。

●折れ線グラフから読み取る内容

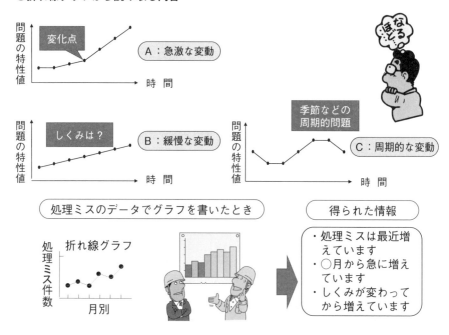

(5)　活用事例

　問題のデータを層別することによって、問題がより具体的になります。そうすれば、どこに焦点を絞って取り組んだらよいのかが明確になります。

　層別とは、「いくつかのデータを、共通点やくせ、特徴に着目して、いくつかのグループに分けること」です。層別の例を次にあげています。

① 　原材料：購入先、製造ロット、受入日、保管期間
② 　設　備：機種、機械、型式、ライン、工場、新旧、金型
③ 　方　法：作業方法、作業条件（速度、圧力、回転数など）
④ 　作業者：直、班、男女、年齢、新旧、経験年数、個人
⑤ 　時　間：時間、日、月、午前・午後、昼夜、曜日、週、季節

　下図の事例は、月別の不良品の件数から「不良発生件数」の折れ線グラフを書いた事例です。グラフからは、全体として増えていることしかわかりませんでしたが、データを不良項目別に層別したところ、「強度不足」が急に増えてきており、原因を追究する必要があることがわかりました。

●層別することでより原因に近づいた例

	1月	2月	3月	4月	5月	6月	合計
強度不足	4	6	3	7	11	15	46
曲げ不良	2	1	1	5	3	5	17
形状不備	1	2	1	3	1	1	9
その他	0	0	1	0	1	1	3
合計	7	9	6	15	16	22	75

全体で書くと

不良発生件数（合計）

層別すると

月別の不良発生件数を内容別に層別し、折れ線グラフに表すと、発生件数の推移がわかります。

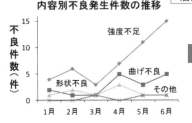

内容別不良発生件数の推移

このグラフから、強度不足が急に増えてきており、原因を追究する必要があることがわかりました。

手法 2 特性要因図（QC 七つ道具）

（1） 概　要

　特性要因図とは、結果（特性）と原因（要因）との結果を表した図であり、それぞれの関係の整理に役立ち、重要と思われる原因を抽出する手法です。

　また、品質特性を構成する要因を特性要因図で洗い出し、実験計画につなげることができます。

●品質特性を展開した特性要因図の構成

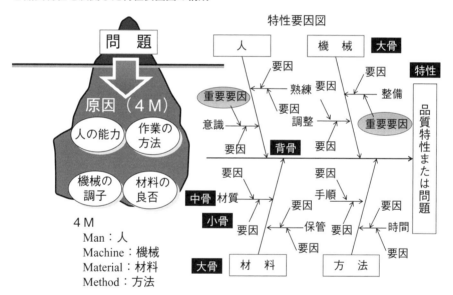

（2） 適　用

　品質特性を展開するのは、製造工程における最適水準を設定するときに使います。また、問題と原因の関係図として活用するのは、あらゆる場面において原因を特定する場合に活用します。

（3）　特性要因図の作成手順

　問題の原因を追究する特性要因図の作成手順は、次のとおりです。

手順 1.　取り上げる問題を決める

　取り上げる問題は、前述のパレート図で抽出した問題点などで抽出します。

手順 2.　大骨を 4M で設定する

手順 3.　なぜ？なぜ？と考えて、中骨、小骨の要因を洗い出す

　大骨ごとに「なぜ？」と考えて、中骨を各 2 〜 3 個出します。すべての大骨に中骨が入った後、中骨ごとに 2 〜 3 個の小骨を出します。

手順 4.　主要因のあたりをつけて、データで検証する

　データで確認できれば、原因として特定します。

●問題の原因を追究した特性要因図の書き方

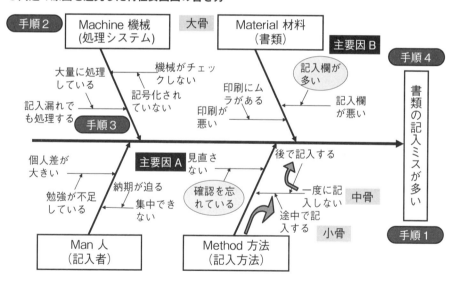

(4)　活用のポイント

特性要因図をうまく活用するには、次の手順で実施します。

手順 1.　会議室などで特性要因図を作成する

まず関係者が集まって、問題の原因として考えられる要因を書き出します。その結果を特性要因図に記入します。

手順 2.　特性要因図を現場に持って行き、確認する

特性要因図を現場へ持って行き、現物を確認し、関係者の意見などを聞きます。その結果を特性要因図に記入します。

手順 3.　特性要因図を書き直し、必要なデータを収集して、主要因の検証を行う

現場で発生した事実やデータで主要因の検証を行った結果を特性要因図に記入します。現場の実態を写した写真などを貼り付けるのも 1 つの方法です。

●**特性要因図を有効に活用するには**

手順 1	手順 2	手順 3

特性要因図の作成	特性要因図を現場へ持っていく	特性要因図の修正
問題の原因を関係者が集まって、考えられる要因を書き出します。その結果を特性要因図に記入します。	特性要因図を現場へ持って行き、現物を確認し、関係者の意見などを聞きます。その結果を特性要因図に記入します。	現場で発生した事実やデータで主要因の検証を行った結果を特性要因図に記入します。現場の実態を写した写真などを貼りつけるのも 1 つの方法です。

(5)　活用事例

　下図は、ある製品の溶接強度が不足していたことによって不良費が発生しているという問題の原因を探すために作成した特性要因図の事例です。

　4M(Man：人、Machine：機械、Material：材料、Method：方法)で「なぜ、なぜ」を繰り返し、中骨、小骨と要因を出していきました。この特性要因図を現場に持って行き、一つひとつ何が原因かを現物で確認しました。その結果、機械の点では「通電にムラがある」、方法の点では「電流調整が低い」、材料の点では「軸の表面が錆びている」の3つが主要因として挙げられました。

　これら3つの主要因に対して、現場の観察、データの測定を行い、管理グラフやヒストグラムを書いて検証を行いました。その結果、3つの主要因が真の原因であることを突き止めました。

●特性要因図とデータの検証で原因を特定した例

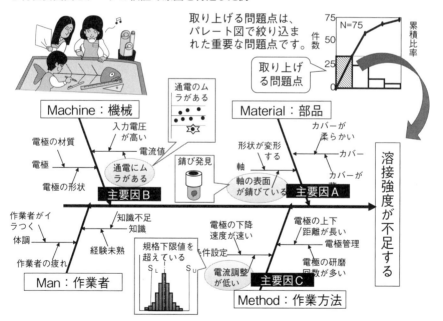

パレート図（QC 七つ道具）

（1） 概　要

　重点指向とは、いろいろある管理・改善項目のうち、特に重要と思われる事項に焦点を絞って取り組んでいくことをいいます。

　重点指向するには、問題のデータを層別し、パレート図に表します。層別したデータは均一ではなく、一般的には「大、中、小」に分かれます。まずは一番多い問題点に対して取り組んでいくことで効果的な問題解決を行えます。

●パレート図で重点指向した例

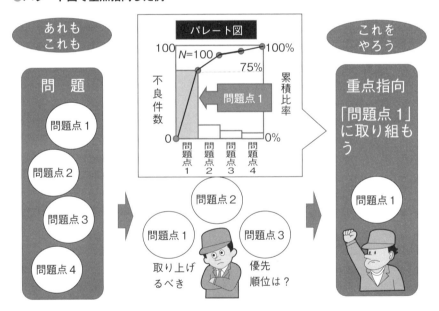

（2） 適　用

　多数発生している問題から重点的に取り組む問題を抽出する際に活用します。また、改善の結果、何がよくなったのかを見たいときにも、対策の前後のパレート図を横に並べることで効果の確認ができます。

（3）　パレート図の作成手順

パレート図を作成する手順は、次のとおりです。

手順1．　グラフを正方形に記入する

このとき、左の目盛は件数、最大目盛は不良件数の合計とします。

手順2．　横軸は全体を項目数で分割する

手順3．　数の大きなものから順に、棒グラフを左詰めに書く

手順4．　累積比率を折れ線グラフで書く

下図の例は、不良項目別に層別した不具合件数を示したものです。不良項目数6つの項目ごとに不良件数の多いもの順に並べ、累積件数と累積比率を計算して最も多い不良件数が「寸法不良」であることがわかりました。また、寸法不良が全体の35.3％を占めていることもわかります。そこで、「寸法不良」が発生する原因を究明することに決めました。

●パレート図の作成手順

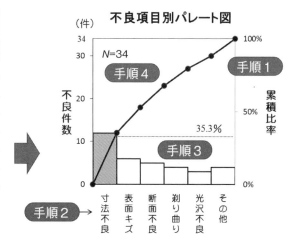

（4）　活用のポイント

1）　層別の再検討

不良件数などの項目を横軸にとって件数の大きな順に並べたとき、件数が少ない項目をまとめて「その他の項目」として表します。しかし、「その他の項目」の件数が全体の半分以上になるようなら、層別を見直します。

2）　同一環境でパレート図を作成する

　一般的には、年度が変われば、工程の状態が変化し、従事する人たち、社外の環境も変わることから、2～3年の期間でまとめたパレート図から得られた情報には、現在の実態と合わないことが多い場合が考えられます。したがって、パレート図は、最長でも1年間のデータでまとめます。

●パレート図の活用ポイント

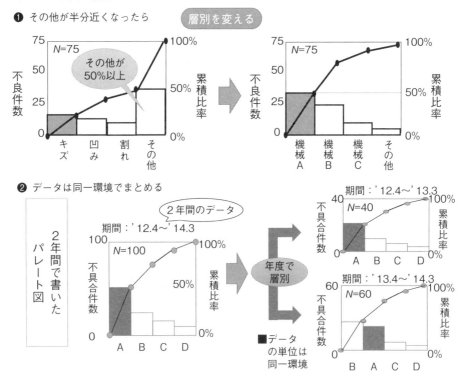

❶ その他が半分近くなったら　[層別を変える]

❷ データは同一環境でまとめる

（5）　活用事例

　総務課から、多数のコピー用紙が捨てられている問題が提議されました。そこで、捨てられていた 100 枚のコピー用紙が誰が捨てたのかを調査し、パレート図に表しました。その結果、山田さんと佐藤さんが多く、この 2 人は営業課のコピー機を使っていることがわかりました。この結果、場所別にパレート図を書いてみたところ、営業課のコピー機での不良が一番多く、57％を占めていることがわかりました。

　捨てた理由別にパレート図を書いてみたところ、「薄すぎ」、「濃すぎ」といった濃度不良によるものが多く、全体の56％を占めていることがわかりました。以上の情報から、「営業課のコピー機の濃度調整機能に問題がありそう」ということがわかりました。

●捨てたコピー枚数のパレート図から原因を予測

コピーの不良枚数調査表（6/15 ～ 6/19）

コピー設置個所 コピー者 不良項目	山田	佐藤	田中	高橋	中村	今井	小計
1 F 営業課	39	18					57
2 F 事務課			14	12			26
3 F 設計課					9	8	17
薄すぎ	15	5	4	5	1	3	33
濃すぎ	9	5	3	2	2	2	23
汚れ	6	3	2	3	2	0	16
位置ずれ	4	2	3	2	2	1	14
サイズミス	3	2	2	0	1	1	9
紙詰まり	2	1	0	0	1	1	5
小計	39	18	14	12	9	8	100

パレート図からわかること

① 営業課のコピー機に不良が多い
② 山田さんと佐藤さんの不良が多い
③ 不良項目別では、「薄すぎ」「濃すぎ」が多い

問題点　⇒　営業課のコピー機の調査（濃度調整部分）が必要である

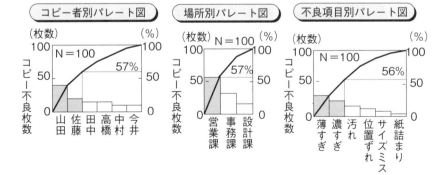

コピー者別パレート図　　場所別パレート図　　不良項目別パレート図

ヒストグラム（QC 七つ道具）

手法 4

（1）　概　　要

　ヒストグラムとは、測定値の存在する範囲をいくつかの区間に分け、その区間に属する測定値の出現度数に比例する面積をもつ柱（長方形）を並べた図であり、データのばらつきを視覚でつかむことができます。このようなデータのばらつきの姿全体を「分布」といいます。

　ヒストグラムは、設計品質をクリアしているか否かを製造品質の結果から推測します。このとき、3σの値が規格値内にあるかどうかで評価します。

●分布の状態を視覚的に見るヒストグラム

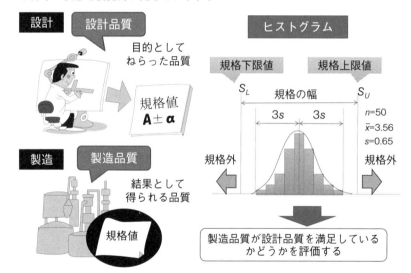

（2）　適　　用

　製造品質が規格値内に入っているかどうかを判定する場合に用います。また、ばらつきの状態を見るときに活用します。

（3）　ヒストグラムの作成手順

ある製品の溶接強度のヒストグラムを書きました。

手順 1.　データを収集する：データ数 $n = 50$

手順 2.　データの最大値と最小値を求める：$x_{max} = 140$、　$x_{min} = 121$

手順 3.　区間の数を決める：区間の数 $\sqrt{50} = 7.07$　→　区間の数（決定） $= 7$

区間の数は、$\sqrt{n}$ を計算し、整数値になるよう四捨五入します。

手順 4.　区間の幅を決める：計算値 $= \dfrac{x_{max} - x_{min}}{\text{区間数}} = 2.71$

実際の幅は、測定単位の整数倍にします。決定した区間の幅 $= 3$

手順 5.　区間の境界値を決める　手順 6.　度数表を作成する

第 1 区間の下側境界値測定単位　x_{min} − 測定単位 $/2 = 121 - 1/2 = 120.5$

手順 7.　ヒストグラムを書く

●ヒストグラムの作成手順

■収集したデータ表

引張強度のデータ表

133	130	127	140	130
132	130	127	121	137
135	133	129	手順 1	130
140	133	121	129	132
126	132	132	129	129
130	132	132	127	132
126	124	135	137	132
130	129	130	135	124
126	130	127	133	126
124	127	130	132	129

製品の個数

■決められたルールどおり区間を設定

ヒストグラム作成の諸元

データ数	手順 2	50
最大値		140
最小値		121
計算区間数	手順 3	7.07
決定区間数		7
計算区間幅	手順 4	2.71
決定区間幅		3
第一区間の下側境界値		120.5
第一区間の上側境界値	手順 5	123.5
第一区間の中心値		122.0

■度数表の作成　手順 6

No.	区　　　間			中心値	度数マーク	度数
1	120.5	～	123.5	122.0	//	2
2	123.5	～	126.5	125.0	//// //	7
3	126.5	～	129.5	128.0	//// //// /	11
4	129.5	～	132.5	131.0	//// //// //// ////	19
5	132.5	～	135.5	134.0	//// //	7
6	135.5	～	138.5	137.0	//	2
7	138.5	～	141.5	140.0	//	2
合　　計						50

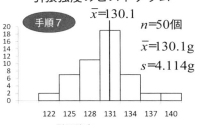

引張強度のヒストグラム

手順 7

$\bar{x}=130.1$

$n=50$ 個

$\bar{x}=130.1$ g

$s=4.114$ g

引張強度

（4）　活用のポイント

1）　工程を把握できるのは1つの山

　ヒストグラムから工程を把握するには、1つの山単位で考え、ヒストグラムの形から層別やデータの修正などを行います。

　①　離れ小島型になったら、そのデータを除外するか検討します。

　②　二山型になったら、層別します。

　③　絶壁型になったら、規格外れで除外しているデータも追加します。

2）　データの幅と規格の幅を比較する

　ヒストグラムと規格値を比較することによって、工程能力が技術的な要求を満足しているかどうかを知ることができます。数量的に工程の状態を評価するには、工程能力指数 C_p を計算します。ヒストグラムを書いたら、規格値や目標値を記入しておきます。

●ヒストグラムの活用ポイント

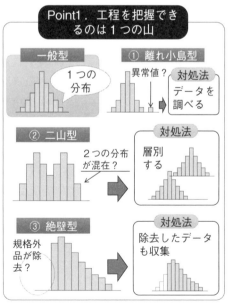
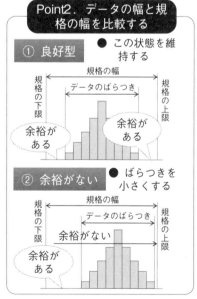

（5）　活用事例

　最近、寸法不良が増えてきた（基準は 100.00mm ± 0.50mm）という報告があったことから、ここで製造される軸部品の寸法が基準を満たしているかどうか、調べることとなりました。ランダムに抜き取った 50 個のサンプルの寸法を測って、ヒストグラムを書きました。

　ヒストグラムから、平均値が規格上限に偏っており、ばらつきも大きく、不良品も発生していることがわかりました。このデータから平均値と標準偏差を求めると、平均値 $\bar{x}$ = 100.15、標準偏差 s = 0.1769 であり、工程能力指数は、

$$工程能力指数\ C_p = \frac{S_U - S_L}{6 \times s} = \frac{100.5 - 99.5}{6 \times 0.1769} = 0.94 \quad \rightarrow \quad C_{pk} = (1 - K) \times C_p = 0.80$$

となり、工程の状態は悪く、改善の必要性が生じ、早速、製造課では、関係者を集めて原因を探ることにしました。

●ヒストグラムの活用例

寸法のデータ表(単位)：mm

99.84	99.99	99.85	100.00	100.25
100.15	100.12	100.16	100.13	100.53
100.02	100.03	99.93	100.04	99.95
100.23	100.36	100.13	100.35	100.45
100.11	100.17	100.12	100.18	99.95
100.04	100.22	99.84	100.23	100.45
99.93	100.12	100.44	100.54	100.15
100.06	100.34	99.95	100.37	100.26
100.13	100.02	100.14	100.05	100.13
100.29	100.22	100.25	100.43	100.06

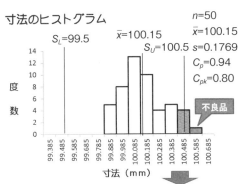

寸法のヒストグラム

n=50
S_L=99.5
$\bar{x}$=100.15
$\bar{x}$=100.15
S_U=100.5
s=0.1769
C_p=0.94
C_{pk}=0.80

度数

不良品

99.385　99.485　99.585　99.685　99.785　99.885　99.985　100.085　100.185　100.285　100.385　100.485　100.585　100.685

寸法（mm）

・平均値が規格上限に偏っている
・不良品が発生している
・ばらつきが大きい
・工程能力指数 C_{pk}=0.80

ばらつきの原因を究明する

正規分布

(1) 概　要

　あるものを同じ長さで切断しようとすると、どんなに正確に切断したつもりでも、ほんの少しずつばらつきが生じます。そのばらつきを点に表すと、「釣鐘を伏せた」形になります。この分布を正規分布といいます。

　正規分布は、平均を中心にし、左右対称となります。正規分布のカーブには、カーブが変わる変曲点ができます。この変曲点から中心の値である平均までの距離を標準偏差と呼び、ばらつきを表す尺度となります。

●正規分布とは

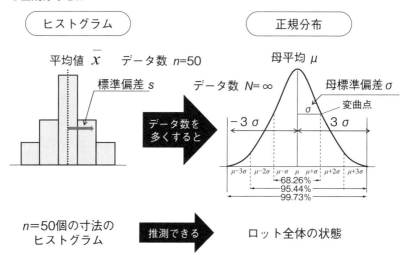

(2) 適　用

　ある値より上となる確率を求めたり、確率からある値を求めるときに使います。

(3)　確率の計算

1)　ある値から確率 P を求める

　標準化した値 $u = 1.84$ は、正規分布表①において左端の列 (u) の 1.8^* を読み取り、次に 1.8^* の行を右へ見ながら最上の行が、$^* = 4$ のところを下へ見ていき、両者の交わったところの数字を読むと、0.0329 です。この 0.0329 とは、全体を 100%としたとき、$u = 1.84$ より外側となる確率が 3.29%であることを示しています。

●ある値から確率 P を求めるには

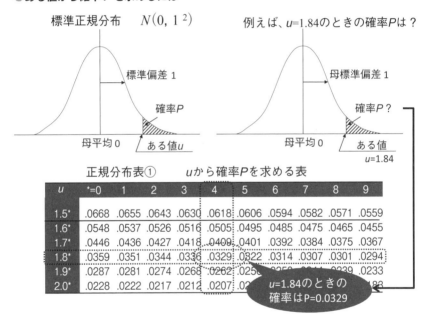

2)　確率 P から u 値を求める

　正規分布表②で右側 5%の点を求めてみましょう。このときは、P から u を求める正規分布表②を使うと便利です。正規分布表②の P の値 0.05 の下に書いてある u の値を読むと、1.645 となります。この値 1.645 より外側の確率が 5%ということになります。

　また、正規分布表①で 0.05 を探すと $u = 1.64$ のとき $P = 0.0505$ であり、$u = 1.65$ のとき $P = 0.049$ であることから、$P = 0.049$ は $u = 1.64 \sim 1.65$ の間にあることがわかります。

●確率 P から u 値を求めるには

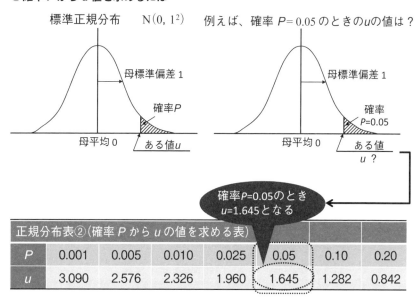

正規分布表②（確率 P から u の値を求める表）							
P	0.001	0.005	0.010	0.025	0.05	0.10	0.20
u	3.090	2.576	2.326	1.960	1.645	1.282	0.842

3) 正規分布の標準化

　正規分布（平均値 μ、標準偏差 σ）から測定された値から平均値を引いて、標準偏差で割れば標準正規分布の値になります。この統一された値で解析を進めていきます。この操作を行うことを標準化と呼んでいます。

（4） 正規分布確率の事例

　ある製パン工場で 1 個 120 グラムのメロンパンを作っていました。過去の実績から、メロンパンの重さは平均値が 120 グラムで、標準偏差が 5 グラムの正規分布であることがわかっていました。

●標準正規分布と標準化

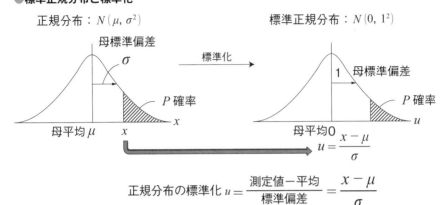

正規分布の標準化 $u = \dfrac{\text{測定値} - \text{平均}}{\text{標準偏差}} = \dfrac{x - \mu}{\sigma}$

この製パン工場では、110 グラム以下のメロンパンは規格外品として売らないことにしています。

今週 1,000 個のメロンパンをつくったとすると、売れないパンは何個になるのかを正規分布確率から求めることにしました。

データを標準化すると $u = -2.00$ となり、この値より小さいメロンパンが出現する確率は、$P_{-2.00} = 0.0223$ となります。つまり、メロンパンを 1,000 個作ったとき、23 個(22.3 個)の売れないメロンパンができます。

●売れないメロンパンの予測に正規分布確率を活用した例

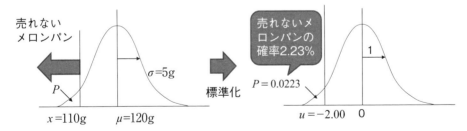

売れないメロンパンは、23個となります。

$$u = \frac{x - \bar{x}}{s} = \frac{110 - 120}{5} = -2.00 \implies P_{2.00} = 0.0223 \implies = 1,000 \times 0.0223 = 22.3$$

工程能力指数

（1）概　　要

　工程能力指数 C_p（Process Capability Index）とは、工程の平均値、標準偏差と規格値とを比較し、工程が規格に対して十分な能力を有するかどうかを評価する方法です。

　工程能力指数 C_p は、規格上限値を S_U、規格下限値を S_L とすると、

　工程能力指数 $C_p = \dfrac{S_U - S_L}{6 \times s}$

S_U：規格上限値　　S_L：規格下限値　　s：標準偏差

となります。この値が、1.33 以上であれば十分といわれています。

●工程能力指数とは

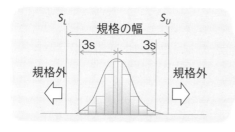

工程能力指数 (C_p) の計算

$$C_p = \frac{規格の上限 - 規格の下限}{6 \times 標準偏差} = \frac{S_U - S_L}{6s}$$

S_U：規格上限値　　S_L：規格下限値　　s：標準偏差

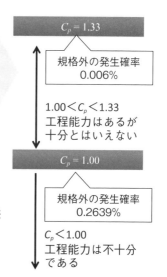

$C_p = 1.33$

規格外の発生確率
0.006%

$1.00 < C_p < 1.33$
工程能力はあるが
十分とはいえない

$C_p = 1.00$

規格外の発生確率
0.2639%

$C_p < 1.00$
工程能力は不十分
である

（2）適　　用

　工程の状態の良し悪しを評価する場合に用います。

(3)　工程能力指数の計算方法

規格と工程の状態によりいろいろな工程能力指数があります。

①　片側規格の場合の工程能力指数

工程能力指数 $C_p = \dfrac{|S_U - \bar{x}|}{3 \times s}$　または、$C_p = \dfrac{|\bar{x} - S_L|}{3 \times s}$

②　両側規格の場合でかつ規格中心と分布の平均が一致しない場合

工程能力指数 $C_{pk} = (1 - K)\,C_p$　　$K = \dfrac{|(S_U + S_L)\,/2 - \bar{x}|}{(S_U - S_L)\,/2}$

一般に、運用上偏っているほうの片側規格値の工程能力指数を C_{pk} として管理を行っています。

規格の中心と工程の中心がぴったり一致しないことが一般的です。したがって、②の C_{pk} を計算する代わりに、平均値が規格値によっているほうの片側規格値として計算した値を C_{pk} として活用しています。

(4)　活用事例

ある工程から得られた平均値 $\bar{x} = 135$、標準偏差 $s = 4.114$ から工程能力指数を計算します。規格値は 130 ± 15 です。工程能力指数 C_p は、

$$C_p = \frac{S_U - S_L}{6 \times s} = \frac{145 - 115}{6 \times 4.114} = 1.22$$

となります。

この場合、規格の中心と平均値が一致せず、規格上限値に近いことから、規格上限値と平均値を使って工程能力指数 C_{pk} を計算すると、

$$C_{pk} = \frac{|S_U - \bar{x}|}{3 \times s} = \frac{|145 - 135|}{3 \times 4.114} = 0.81$$

となります。この結果から、$C_p = 1.22$ ではいい状態であるように思われますが、平均値が規格上限に偏っていることから $C_{pk} = 0.81$ を計算すると不十分になります。

平均値の検定（計量値の検定）

（1）　概　　要

正規母集団 $N(\mu, \sigma^2)$（σ^2 未知）からの大きさ n のランダムサンプルの平均値と不偏分散 V にもとづいて、母平均 に関する検定と推定を行います。

（2）　適　　用

ロット全体がある規定値をクリアしているのか調べたいときに活用します。

（3）　解析手順

手順 1.　仮説の設定：帰無仮説 H_0 および対立仮説 H_1 を設定します。

手順 2.　有意水準の設定：通常、$\alpha = 0.05$ または $\alpha = 0.01$

手順 3.　棄却域の設定と統計量の計算：帰無仮説 $H_0 : \mu = \mu_0$

検定統計量	対立仮説 H_1	棄却域 R	備　　考
$t_0 = \dfrac{\bar{x} - \mu_0}{\sqrt{\dfrac{V}{n}}}$	$\mu \neq \mu_0$	$\lvert t_0 \rvert \geq t(\phi, \alpha)$	$\phi = n-1$
	$\mu > \mu_0$	$t_0 \geq t(\phi, 2\alpha)$	
	$\mu < \mu_0$	$t_0 \leq -t(\phi, 2\alpha)$	

手順 4.　判定

① 　検定統計量 t_0 が棄却域に入れば「有意」と判断：対立仮説を採用

② 　検定統計量 t_0 が棄却域に入らければ「有意でない」と判断

手順 5.　母平均 の点推定：点推定：$\hat{\mu} = \bar{x} = \dfrac{\sum x_i}{n}$

手順 6.　信頼率 100(1 − α)%における母平均 μ の区間推定

信頼区間：$\mu_U = \bar{x} \pm t(\phi, \alpha)\sqrt{\dfrac{V}{n}}$

（4）　活用事例

　ある農園では、マンゴーの糖度が14度より大きければ、完熟マンゴーとして出荷しています。ある7個のマンゴーの糖度を測定し、完熟マンゴーと呼べるかどうか調べました。また、この農園でのマンゴーの糖度の推定を行いました。

●糖度のデータ表

No.	1	2	3	4	5	6	7	合　計
糖度(x_i)	14.5	15.0	13.9	14.7	15.2	14.9	15.5	103.7

手順1．　仮説の設定：帰無仮説 $H_0 : \mu = \mu_0 (\mu_0 = 14$ 度$)$　対立仮説 $H_0 : \mu > \mu_0$

手順2．　有意水準の設定：有意水準 $\alpha = 0.05 (5\%)$

手順3．　棄却域の設定と検定統計量の計算：$R : |t_0| \geq t(\phi, 2\alpha) = t(6, 0.10) = 1.943$

　$t(6, 0.10)$ は、EXCEL 関数「=T.INV.2T$t(\phi, 2\alpha)$」で求められます。

$$平均値 \ \bar{x} = \frac{\sum x_i}{n} = \frac{103.7}{7} = 14.81$$

$$平方和 \ S = \sum x_i^2 - \frac{\left(\sum x_i\right)^2}{n} = 1537.85 - \frac{103.7^2}{7} = 1.6086$$

$$分散 \ V = \frac{S}{n-1} = \frac{1.6086}{7-1} = 0.2681$$

$$検定統計量 \ t_0 = \frac{\bar{x} - \mu_0}{\sqrt{\frac{V}{n}}} = \frac{14.81 - 14.00}{\sqrt{\frac{0.2681}{7}}} = \frac{0.81}{0.1957} = 4.139$$

手順4．　判定：有意水準5%で有意

　この農園のマンゴーの糖度は、14度より大きいといえます。

手順5．　点推定：$\hat{\mu} = \bar{x} = 14.81$

手順6．　区間推定（信頼率95%）

$$信頼区間 \ \mu_U = \bar{x} \pm t(\phi, \alpha)\sqrt{\frac{V}{n}} = 14.81 \pm 2.447 \times \sqrt{\frac{0.2681}{7}} = 14.81 \pm 0.479 = 14.33 \sim 15.49$$

手法 8　平均値の差の検定（計量値の検定）

（1）　概　　要

2つの母集団を比較することを目的に検定と推定を行います。ここでは、2つの母集団が等分散と見なせる場合に使用します。

（2）　適　　用

2つの平均とを比較する場合や、改善前と改善後を比較して効果があったのかどうかを調べたいときに活用できます。

（3）　解析手順

手順1.　仮説の設定：帰無仮説 H_0 および対立仮説 H_1 を設定します。

手順2.　有意水準の設定：通常、$\alpha = 0.05$ または $\alpha = 0.01$

手順3.　棄却域の設定と統計量の計算：帰無仮説 $H_0 : \mu_A = \mu_B$

検定統計量	対立仮説 H_1	棄却域 R	備　考
$t_0 = \dfrac{\bar{x}_A - \bar{x}_B}{\sqrt{V\left(\dfrac{1}{n_A}+\dfrac{1}{n_B}\right)}}$	$\mu_A \neq \mu_B$	$\lvert t_0 \rvert \geq t(\phi, \alpha)$	$\phi = n_A + n_B - 2$
	$\mu_A > \mu_B$	$t_0 \geq t(\phi, 2\alpha)$	$V = \dfrac{S_A + S_B}{n_A + n_B - 2}$
	$\mu_A < \mu_B$	$t_0 \leq -t(\phi, 2\alpha)$	

手順4.　判定

①　検定統計量 t_0 が棄却域に入れば「有意」と判断：対立仮説を採用

②　検定統計量 t_0 が棄却域に入らければ「有意でない」と判断

手順5.　母平均の差の点推定：$\widehat{\mu_A - \mu_B} = \bar{x}_A - \bar{x}_B$

手順6.　信頼率 100（1 − α）％における母平均の差：$\mu_A - \mu_B$ の区間推定

$$区間推定：(\mu_A - \mu_B)_U = (\overline{x_A} - \overline{x_B}) \pm t(\phi, \alpha) \times \sqrt{V\left(\dfrac{1}{n_A}+\dfrac{1}{n_B}\right)}$$

$$ただし、\phi = n_A + n_B - 2 \quad V = \dfrac{S_A + S_B}{n_A + n_B - 2}$$

(4)　活用事例

　ある電気部品メーカでは新しい素子 A を開発しました。この素子 A は従来品の素子 B よりも耐電圧があると考えられています。そこで、新しい素子 A を使った7つの機器と従来の素子 B を使った6つの機器において、同じ条件で耐電圧値を測定しました。

●データ表

No.	1	2	3	4	5	6	7
x_A	42.3	43.0	41.5	40.3	43.0	44.9	44.2
x_B	40.3	42.5	40.8	39.2	41.0	40.9	—

　この結果から、新しい素子 A を使った機器の耐電圧値(x_A)のほうが、従来の素子 B を使った機器の耐電圧値(x_B)よりも大きくなったかどうか、有意水準で母平均の差の検定と推定を行いました。

　平均値の差の検定を行う場合、2つの母集団のばらつきが同じと見なせる場合とばらつきが異なる場合によって結果が異なります。したがって、検定を行う前に「等分散の検定」を行ってから、平均値の差の検定を行うかどうかを決めてください。

1)　等分散の検定

　仮説の設定　帰無仮説 $H_0 : \sigma_A^2 = \sigma_B^2$　対立仮説 $H_1 : \sigma_A^2 \neq \sigma_B^2$

　平方和 $A : S_A = 14.618$　平方和 $B : S_B = 5.748$

　分散 $A : V_A = 2.436$　分散 $B : V_B = 1.150$　検定統計量 : $F_0 = \dfrac{V_A}{V_B} = \dfrac{2.436}{1.150} = 2.118$

　判定 : $F_0 = 2.118 < F\left(\phi_A, \phi_B; \dfrac{0.05}{2}\right) = F(6,5;0.025) = 6.98$

　有意水準5%で有意でないので、等分散と見なします。

2)　母集団 A と母集団 B が等分散と見なせる場合：平均値の差の検定

手順 1.　仮説の設定：帰無仮説 $H_0 : \mu_A = \mu_B$　　対立仮説 $H_0 : \mu_A > \mu_B$

手順 2.　有意水準の設定：$\alpha = 0.05(5\%)$

手順 3.　棄却域の設定：$R : t_0 \geq t(\phi, 2\alpha) = t(11, 0.10) = 1.796$

$t(11, 0.10) = 1.796$ は、EXCEL 関数「=T.INV.2T$t(\phi, \alpha)$」で求められます。

平均値 $A : \bar{x}_A = \dfrac{\sum x_A}{n_A} = \dfrac{299.2}{7} = 42.74$　　平均値 $B : \bar{x}_B = \dfrac{\sum x_B}{n_B} = \dfrac{244.7}{6} = 40.78$

平方和 $A : S_A = \sum x_A{}^2 - \dfrac{\left(\sum x_A\right)^2}{n_A} = 14.618$　　平方和 $B : S_B = \sum x_B{}^2 - \dfrac{\left(\sum x_B\right)^2}{n_B} = 5.748$

分散 $A : V_A = \dfrac{S_A}{\phi_A} = \dfrac{14.618}{6} = 2.436$　　分散 $B : V_B = \dfrac{S_B}{\phi_B} = \dfrac{5.748}{5} = 1.150$

検定統計量：$t_0 = \dfrac{\bar{x}_A - \bar{x}_B}{\sqrt{V\left(\dfrac{1}{n_A} + \dfrac{1}{n_B}\right)}} = \dfrac{42.74 - 40.78}{\sqrt{1.851\left(\dfrac{1}{7} + \dfrac{1}{6}\right)}} = 2.589$

ただし、$V = \dfrac{S_A + S_B}{n_A + n_B - 2} = \dfrac{14.618 + 5.748}{7 + 6 - 2} = 1.851$

手順 4.　判定：$t_0 = 2.589 > t(11, 0.10) = 1.796$

有意水準 5 ％で有意なので、新しい素子 A を使った機器の耐電圧値 (x_A) のほうが、従来の素子 B を使うよりも大きくなったといえます。

手順 5.　点推定：$\widehat{\mu_A - \mu_B} = \bar{x}_A - \bar{x}_B = 42.74 - 40.78 = 1.96$

手順 6.　信頼率 95 ％の信頼区間：

区間推定：$(\bar{x}_A - \bar{x}_B) \pm t(\phi, \alpha)\sqrt{V\left(\dfrac{1}{n_A} + \dfrac{1}{n_B}\right)} = 0.29 \sim 3.63$

3)　母集団 A と母集団 B の分散が異なる場合：ウェルチの検定

ウェルチの検定は、等分散と見なす場合の平均値の差の検定と推定において、検定の検定統計量 t_0 と自由度 ϕ を次のように変えて計算を行います。

$$検定統計量：t_0 = \frac{\bar{x}_A - \bar{x}_B}{\sqrt{\dfrac{V_A}{n_A} + \dfrac{V_B}{n_B}}} \qquad 自由度：\phi^* = \frac{\left(\dfrac{V_A}{n_A} + \dfrac{V_B}{n_B}\right)}{\dfrac{\left(\dfrac{V_A}{n_A}\right)^2}{n_A - 1} + \dfrac{\left(\dfrac{V_B}{n_B}\right)^2}{n_B - 1}}$$

4)　対応があるデータの平均値の差の検定

　同じ環境の下で測定された対のデータ、例えば自動車のタイヤの摩耗を調べるとき、前輪と後輪のタイヤでは取り付けてある場所の影響などで差が生まれます。そこで、平地で測定した自動車の前輪と後輪の摩耗度の差を取り除き、本来の平地で走った場合と山岳地で走った場合など対のデータの差をとることで、本来のタイヤの摩耗の検定や推定を行うときに活用します。

手順 1.　仮説の設定：帰無仮説 H_0 および対立仮説 H_1 を設定します。

手順 2.　有意水準の設定：通常、$\alpha = 0.05$ または $\alpha = 0.01$

手順 3.　棄却域の設定と統計量の計算：帰無仮説 $H_0 : \mu_A = \mu_B$

検定統計量	対立仮説 H_1	棄却域 R	備　　考
$t_0 = \dfrac{\bar{d}}{\sqrt{V_d / n}}$	$\mu_A \neq \mu_B$	$\lvert t_0 \rvert \geq t(\phi, \alpha)$	$\phi = n - 1$
	$\mu_A > \mu_B$	$t_0 \geq t(\phi, 2\alpha)$	
	$\mu_A < \mu_B$	$t_0 \leq -t(\phi, 2\alpha)$	

手順 4.　判定

①　検定統計量 t_0 が棄却域に入れば「有意」と判断：対立仮説を採用

②　検定統計量 t_0 が棄却域に入らければ「有意でない」と判断

手順 5.　母平均の差：$\mu_A - \mu_B$ の点推定：$\widehat{\mu_A - \mu_B} = \bar{x}_A - \bar{x}_B$

手順 6.　信頼率 100 $(1 - \alpha)$%における母平均の差 $\mu_A - \mu_B$ の区間推定

　信頼区間：$\mu_U = \bar{d} \pm t(\phi, \alpha)\sqrt{\dfrac{V_d}{n}}$

手法 9 分散比の検定（計量値の検定）

(1) 概　要

母集団のばらつきを母分散といいます。2つの母集団のばらつきの違いを推測する方法として、母分散の検定があります。

(2) 適　用

2つのばらつきの違いを検定します。例えば、ばらつきの低減に取り組んだときの効果の確認や2つの母集団のばらつきの違いなどを確かめます。

(3) 解析手順

手順1.　仮説の設定：帰無仮説 H_0 および対立仮説 H_1 を設定します。

手順2.　有意水準の設定：通常、$\alpha = 0.05$ または $\alpha = 0.01$

手順3.　棄却域の設定と統計量の計算：帰無仮説 $H_0 : \sigma_A^2 = \sigma_B^2$

検定統計量	対立仮説 H_1	棄却域 R
$F_0 = \dfrac{V_A}{V_B}$ または	$\sigma_A^2 \neq \sigma_B^2$	$V_A \geqq V_B \quad F_0 = V_A / V_B \geqq F(\phi_A, \phi_B : \alpha/2)$ $V_A < V_B \quad F_0 = V_B / V_A \geqq F(\phi_B, \phi_A : \alpha/2)$
$F_0 = \dfrac{V_B}{V_A}$	$\sigma_A^2 > \sigma_B^2$	$F_0 = V_B / V_A \geqq F(\phi_B, \phi_A : \alpha)$
	$\sigma_A^2 < \sigma_B^2$	$F_0 = V_B / V_A \geqq F(\phi_B, \phi_A : \alpha)$

手順4.　判定

①　検定統計量 F_0 が棄却域に入れば「有意」と判断：対立仮説を採用

②　検定統計量 F_0 が棄却域に入らければ「有意でない」と判断

手順5.　点推定：$\dfrac{\hat{\sigma}_A^2}{\hat{\sigma}_B^2} = \dfrac{V_A}{V_B}$

手順6.　信頼率 $100(1-\alpha)$%の信頼区間

信頼上限：$\dfrac{V_A}{V_B} = F\left(\phi_B, \phi_A : \dfrac{\alpha}{2}\right)$　　信頼下限：$\dfrac{V_A}{V_B} = \dfrac{1}{F(\phi_A, \phi_B : \alpha/2)}$

(4)　活用事例

　父さんは青果店で、母さんはスーパーマーケットでみかんを買ってきました。母さんのみかんは、大きさにばらつきがあるように見受けられました。

●みかんの重さ

No.	1	2	3	4	5	6	7	8	9	10
スーパー	86.7	88.5	91.5	91.2	90.3	92.1	99.7	90.6	89.4	87.9
青果店	74.0	69.8	76.5	73.0	78.3	80.0	71.0	70.0	75.5	78.8

　スーパーマーケットのみかんのばらつきが、青果店のみかんのばらつきがより大きいかどうかを、有意水準5％で検定を行ってください。また、ばらつきがどれくらい異なるのかを信頼率95％で推定してください。

1)　検　　定

手順1.　仮説の設定：帰無仮説 $H_0 : \sigma_A{}^2 = \sigma_B{}^2$　対立仮説 $H_1 : \sigma_A{}^2 > \sigma_B{}^2$

手順2.　有意水準の設定：有意水準 $\alpha = 0.05$

手順3.　棄却域の設定：$F_0 = V_A / V_B \geqq F(\phi_A, \phi_B ; \alpha) = 3.18$、$V_A > V_B$

手順4.　統計量の計算

$$\text{分散 } A : V_A = \frac{\sum x_{A_i}{}^2 - \frac{\left(\sum x_{A_i}\right)^2}{n_A}}{\phi_A} = 2.41 \quad \text{分散 } B : V_B = \frac{\sum x_{B_i}{}^2 - \frac{\left(\sum x_{B_i}\right)^2}{n_B}}{\phi_B} = 13.88$$

分散比 $V_B > V_A$ なので、$F_0 = \dfrac{V_B}{V_A} = 5.82$

手順5.　判定

$F_0 = \dfrac{V_B}{V_A} = 5.82 \geqq F(\phi_A, \phi_B ; \alpha) = 2.44$ なので、帰無仮説 H_0 が棄却され、対立仮説 H_1 を採用します。したがって、スーパーマーケットのみかんのばらつきは、青果店のみかんのばらつきより大きいといえます。

2) 推　　定

手順6. 点推定：$\dfrac{\hat{\sigma}_B{}^2}{\hat{\sigma}_A{}^2} = \dfrac{V_B}{V_A} = 5.82$

手順7. 区間推定

信頼上限：$\dfrac{V_B}{V_A} = F(\phi_B, \phi_A; \alpha/2) = F(9,9;0.025) = 4.03$

信頼下限：$\dfrac{V_B}{V_A} = \dfrac{1}{F(\phi_B, \phi_A; \alpha/2)} = \dfrac{1}{F(9,9;0.025)} = \dfrac{1}{4.03} = 0.25$

コラム1　Excel で統計量を計算する

Excel では、「数式」の左端にある「関数の挿入」をクリックします。

① 　正規分布表から u 値を求めます。

　「NORM.S.INV」：正規分布の確率 P から k の値を求められます。

② 　t 分布表から t 値を求められます。

③ 　「T.INV.2T」：t 分布表の両側確率が求められます。

④ 　F 分布表から F 値を求められます。

　「F.INV.RT」：F 分布表の右片側確率が求められます。

⑤ 　χ^2 分布表から χ^2 値が求められます。

　「CHI.INV」：χ^2 分布の右片側確率が求められます。

不良率の差の検定（計数値の検定）

(1) 概　　要

データが計数値の場合に、不良率の違いについて検定・推定をする手法です。

(2) 適　　用

ここでは、正規分布近似のチェックを行い、次の条件を満たしたときに正分布近似法を用いて検定を行います。

$n_1 p_1 > 5$ または $n_1(1 - p_1) > 5$、または $n_2 p_2 > 5$ または $n_2(1 - p_2) > 5$

(3) 解　　析

1) 検　　定

手順 1.　仮説の設定：帰無仮説 H_0 および対立仮説 H_1 を設定します。

手順 2.　有意水準の設定：通常、$\alpha = 0.05$ または $\alpha = 0.01$

手順 3.　棄却域の設定と統計量の計算：帰無仮説 $H_0 : P_1 = P_2$

検定統計量	対立仮説 H_1	棄却域 R	備　　考
$u_0 = \dfrac{p_1 - p_2}{\sqrt{\bar{p}(1-\bar{p})\left(\dfrac{1}{n_1} + \dfrac{1}{n_2}\right)}}$	$H_1 : P_1 \neq P_2$	$\lvert u_0 \rvert \geq u\,(\alpha/2)$	$\bar{p} = \dfrac{x_1 + x_2}{n_1 + n_2}$
	$H_1 : P_1 > P_2$	$u_0 \geq u\,(\alpha)$	
	$H_1 : P_1 < P_2$	$u_0 \leq u\,(\alpha)$	

手順 4.　判定

① 検定統計量 u_0 が棄却域に入れば「有意」と判断：対立仮説を採用

② 検定統計量 u_0 が棄却域に入らければ「有意でない」と判断

2) 推　　定

手順 5.　点推定：$\widehat{P_1 - P_2} = p_1 - p_2 = \dfrac{x_1}{n_1} - \dfrac{x_2}{n_2}$

手順6.　信頼率 100(1 − α)%の差の区間推定

$$信頼上限：P_U = p_1 - p_2 + u\left(\frac{\alpha}{2}\right)\sqrt{\frac{p_1(1-p_1)}{n_1} + \frac{p_2(1-p_2)}{n_2}}$$

$$信頼下限：P_L = p_1 - p_2 - u\left(\frac{\alpha}{2}\right)\sqrt{\frac{p_1(1-p_1)}{n_1} + \frac{p_2(1-p_2)}{n_2}}$$

(4)　活用事例

　第一工場で生産している部品 A は、品質がよいため、発注の依頼が増えてきました。そこで、第二工場でも部品 A を製造することになり、一定期間後、不良率について 2 つの工場の比較を行うこととしました。第一工場からサンプル n_1 = 300 個をとったところ、x_1 = 25 個の不良品が見つかり、第二工場からサンプル n_2 = 250 個をとったところ、x_2 = 10 個の不良品が見つかりました。

　工場によって部品 A の母不良率が異なるかどうか、有意水準5%で検定を行い、工場によって部品 A の母不良率の差があるかについて、点推定と信頼率95%の区間推定を行ってください。

1)　検　　定

手順1.　正規分布近似のチェック

　$n_1 p_1$ = 25 > 5 または $n_1(1 - p_1)$ = 275 > 5、$n_2 p_2$ = 10 > 5 または $n_2(1 - p_2)$ = 240 > 5

手順2.　仮説の設定：帰無仮説 $H_0 : P_1 = P_1$　対立仮説 $H_1 : P_1 \neq P_2$

手順3.　有意水準の設定：α = 0.05

手順4.　棄却域の設定：棄却域 $R : |u_0| \geq u\left(\frac{\alpha}{2}\right) = u(0.025) = 1.960$

手順5.　統計量の計算：$p_1 = \dfrac{x_1}{n_1} = \dfrac{25}{300} = 0.0833$、$p_2 = \dfrac{x_2}{n_2} = \dfrac{10}{250} = 0.0400$、

$$\bar{p} = \frac{x_1 + x_2}{n_1 + n_2} = \frac{25 + 10}{300 + 250} = 0.0636$$

$$u_0 = \frac{p_1 - p_2}{\sqrt{\overline{p}(1-\overline{p})\left(\dfrac{1}{n_1} + \dfrac{1}{n_2}\right)}} = \frac{0.0833 - 0.0400}{\sqrt{0.0636(1-0.0636)\left(\dfrac{1}{300} + \dfrac{1}{250}\right)}} = 2.076$$

手順6.　判定

$|u_0| = 2.076 > u(0.025) = 1.96$ となるので有意水準5%で有意となります。した
がって、工場により部品 A の母不良率は異なるといえます。

2)　推　　定

手順7.　母不良率の差の点推定

$$\text{点推定}: \widehat{P_1 - P_2} = p_1 - p_2 = \frac{x_1}{n_1} - \frac{x_2}{n_2} = \frac{25}{300} - \frac{10}{250} = 0.0433$$

手順8.　信頼率 $100(1-\alpha)$ %における母不良率の差の区間推定

$$
\begin{aligned}
\text{信頼上限}: P_U &= \widehat{p_1 - p_2} + u\left(\frac{\alpha}{2}\right)\sqrt{\frac{p_1(1-p_1)}{n_1} + \frac{p_2(1-p_2)}{n_2}} \\
&= 0.0433 + 1.96\sqrt{\frac{0.0833(1-0.0833)}{300} + \frac{0.040(1-0.040)}{250}} = 0.0828
\end{aligned}
$$

$$
\begin{aligned}
\text{信頼下限}: P_L &= \widehat{p_1 - p_2} - u\left(\frac{\alpha}{2}\right)\sqrt{\frac{p_1(1-p_1)}{n_1} + \frac{p_2(1-p_2)}{n_2}} \\
&= 0.0433 - 1.96\sqrt{\frac{0.0833(1-0.0833)}{300} + \frac{0.040(1-0.040)}{250}} = 0.0037
\end{aligned}
$$

欠点数の差の検定（計数値の検定）

(1)　概　　要

データが計数値の場合に、欠点数の違いを検定や推定を行うときに活用する手法です。

(2)　適　　用

ここでは、正規分布近似のチェックを行い、次の条件を満たしたときに正分布近似法を用いて検定を行います。

(3)　解　　析

1)　検　　定

手順 1.　仮説の設定：帰無仮説 H_0 および対立仮説 H_1 を設定します。

手順 2.　有意水準の設定：通常、$\alpha = 0.05$ または $\alpha = 0.01$

手順 3.　棄却域の設定と統計量の計算：帰無仮説 $H_0 : \lambda_1 = \lambda_2$

検定統計量	対立仮説 H_1	棄却域 R	備　考
$u_0 = \dfrac{\overline{\lambda}_1 - \overline{\lambda}_2}{\sqrt{\lambda\left(\dfrac{1}{n_1} + \dfrac{1}{n_2}\right)}}$	$H_1 : \lambda_1 \neq \lambda_2$	$\|u_0\| \geq u\left(\dfrac{\alpha}{2}\right)$	$\overline{\lambda} = \dfrac{x_1 + x_2}{n_1 + n_2}$
	$H_1 : \lambda_1 > \lambda_2$	$u_0 \geq u(\alpha)$	
	$H_1 : \lambda_1 < \lambda_2$	$u_0 \leq -u(\alpha)$	

手順 4.　判定

① 検定統計量 u_0 が棄却域に入れば「有意」と判断：対立仮説を採用

② 検定統計量 u_0 が棄却域に入らければ「有意でない」と判断

2)　推　　定

手順 5.　点推定：$\widehat{\lambda_1 - \lambda_2} = \overline{\lambda}_1 - \overline{\lambda}_2 = \dfrac{x_1}{n_1} - \dfrac{x_2}{n_2}$

手順 6.　信頼率 100(1 − α)%における母不良率の差の区間推定

$$信頼上限：\lambda_U = \widehat{\lambda_1 - \lambda_2} + u\left(\frac{\alpha}{2}\right)\sqrt{\frac{\overline{\lambda_1}}{n_1} + \frac{\overline{\lambda_2}}{n_2}}$$

$$信頼下限：\lambda_L = \widehat{\lambda_1 - \lambda_2} - u\left(\frac{\alpha}{2}\right)\sqrt{\frac{\overline{\lambda_1}}{n_1} + \frac{\overline{\lambda_2}}{n_2}}$$

(4)　活用事例

　ある工場でヒューマンエラーが発生し、撲滅に取り組むこととなりました。その結果は次のとおりです。

　改善前のヒューマンエラー件数：$\lambda_1 = 24/1$ か月

　改善後のヒューマンエラー件数：$\lambda_2 = 13/1$ か月

　対策の効果があったかどうかを検定を行って確かめてください。

1)　検　　定

手順 1.　正規分布近似のチェック

　不良数と良品数が 5 以上あるかどうか確認します。

　$\lambda_1 = 24 > 5$ かつ $\lambda_2 = 13 > 5$

　条件が成り立つので、正規分布近似法を活用して、検定を行います。

手順 2.　仮説の設定

　帰無仮説 H_0 および対立仮説 H_1 を設定します。

　帰無仮説 $H_0：\lambda_1 = \lambda_2$　対立仮説 $H_1：\lambda_1 > \lambda_2$

手順 3.　有意水準の設定

　有意水準：$\alpha = 0.05$

手順 4.　棄却域の設定

　棄却域：$R：u_0 \geq u(0.05) = 1.645$

手順 5.　検定統計量の計算

$$検定統計量：\overline{\lambda} = \frac{x_1 + x_2}{n_1 + n_2} = \frac{24 + 13}{1 + 1} = \frac{37}{2} = 18.5$$

$$u_0 = \frac{\overline{\lambda}_1 - \overline{\lambda}_2}{\sqrt{\lambda\left(\dfrac{1}{n_1} + \dfrac{1}{n_2}\right)}} = \frac{24-13}{\sqrt{18.5\left(\dfrac{1}{1} + \dfrac{1}{1}\right)}} = \frac{11}{6.083} = 1.81 \quad \overline{\lambda}:\text{単位当たりの欠点数}$$

手順6．判定

　u_0 の値が棄却域にあるので、有意となります。帰無仮説 H_0 を棄却して、対立仮説 H_1 を採択します。したがって、改善の効果があったといえます。

2）推　　定
手順7．母不良率の差の点推定

$$\text{点推定}:\widehat{\lambda_1 - \lambda_2} = \overline{\lambda}_1 - \overline{\lambda}_2 = \frac{x_1}{n_1} - \frac{x_2}{n_2} = \frac{24}{1} - \frac{13}{1} = 11$$

手順8．信頼率 100(1 − α) ％における母不良率の差の区間推定

$$\text{信頼上限}:\lambda_U = \widehat{\lambda_1 - \lambda_2} + u\left(\frac{\alpha}{2}\right)\sqrt{\frac{\overline{\lambda}_1}{n_1} + \frac{\overline{\lambda}_2}{n_2}} = 11 + 1.96\sqrt{\frac{24}{1} + \frac{13}{1}} = 22.92$$

$$\text{信頼下限}:\lambda_L = \widehat{\lambda_1 - \lambda_2} - u\left(\frac{\alpha}{2}\right)\sqrt{\frac{\overline{\lambda}_1}{n_1} + \frac{\overline{\lambda}_2}{n_2}} = 11 - 1.96\sqrt{\frac{24}{1} + \frac{13}{1}} = -0.922$$

　改善後は、点推定11件/1か月、区間推定は-0.922件/1か月〜22.92件/1か月と推測できました。

コラム2　検定とは帰無仮説を捨てること

　検定とは、帰無仮説を捨てるか否かを判定する道具です。統計量が棄却域に入れば、帰無仮説を捨てます。そうすると最初に立てた仮説（帰無仮説と対立仮説）のうち対立仮説のみが残ります。その結果、対立仮説を言い切ることができます。これを有意であるといいます。

　しかし、統計量が棄却域に入らなければ、帰無仮説を棄却できません。したがって、帰無仮説と対立仮説が両方残ります。

　つまり、検定では等しいことを証明することはできません。

手法 12　分 割 表

(1)　概　　要

　製品を適合品と不適合品の2クラスに分けて、いくつかの母集団で不適合品率の違いを比較したり、あるいは製品やロットを1、2、3級品と3クラス以上に分けることができる場合に、各クラスの出現割合をいくつかの母集団で比較するのに、分割表を用いて検定を行うことができます。

(2)　適　　用

　製品の良品、不良品の出方を調べたり、アンケートの結果から嗜好品の傾向を調べたりするときに用いる手法です。

(3)　解　　析

1)　検　　定

手順 1.　仮説の設定

　帰無仮説 H_0：行のカテゴリーが発生する確率は、列によって違いはない

　対立仮説 H_1：行のカテゴリーが発生する確率は、列によって違いがある

手順 2.　有意水準の設定：$\alpha = 0.05(5\%)$ または $\alpha = 0.01(1\%)$

手順 3.　棄却域の設定：$R : \chi_0^2 \geq \chi^2(\phi, \alpha) = \chi^2(1, 0.05) = 3.84$

手順 4.　検定統計量の計算

　①　データ表の作成

　ある書類の作成業務において、チェック方法を改善した結果と改善前の調査を行ったところ、適合書類と不適合書類がありました。この結果を分割表を活用して改善の効果があったかどうか検定します。

データ表	B_1：改善前	B_2：改善後	計
A_1：適合書類	x_{11} 132	x_{12} 285	$T_1.$ 417
A_2：不適合書類	x_{21} 18	x_{22} 15	$T_2.$ 33
計	$T._1$ 150	$T._2$ 300	$T..$ 450

② 期待度数の計算

一般的には、期待度数は $t_{ij} = \dfrac{T_i. \times T_j.}{T..}$ となります。

書類のデータの期待度数は、〈期待度数表〉のようになります。

期待度数表	B_1：改善前	B_2：改善後	計
A_1：適合書類	$t_{11} = \dfrac{T_1. \times T._1}{T..}$ $\dfrac{417 \times 150}{450} = 139$	$t_{12} = \dfrac{T_1. \times T._2}{T..}$ $\dfrac{417 \times 300}{450} = 278$	$T_1.$ 417
A_2：不適合書類	$t_{21} = \dfrac{T_2. \times T._2}{T..}$ $\dfrac{33 \times 150}{450} = 11$	$t_{22} = \dfrac{T_2. \times T._2}{T..}$ $\dfrac{33 \times 300}{450} = 22$	$T_2.$ 33
計	$T._1$ 150	$T._2$ 300	$T..$ 450

実測データと期待度数の差表	B_1：改善前	B_2：改善後	計
A_1：適合書類	$x_{11} - t_{11}$ $132 - 139 = -7$	$x_{12} - t_{12}$ $285 - 278 = 7$	0
A_2：不適合書類	$x_{21} - t_{21}$ $18 - 11 = 7$	$x_{21} - t_{21}$ $15 - 22 = -7$	0
計	0	0	0

③ 実測データと期待度数の差の計算

行の項目別に列の発生率に差がなければ、上の表のように期待度数に近い
データが得られるはずです。そこで、実測データと期待度数の差を計算すると

〈実測データと期待度数の差表〉のようになります。

④ 検定統計量 χ_0^2 の計算

表より、$\chi_0^2 = \sum_{i=1}^{a} \sum_{j=1}^{b} \dfrac{(x_{ij} - t_{ij})^2}{t_{ij}}$、$\phi = (a-1)(b-1)$ で χ_0^2 を計算します。

検定統計量の計算	B_1：改善前	B_2：改善後	計
A_1：適合書類	$\dfrac{(x_{11} - t_{11})^2}{t_{11}}$ $\dfrac{(-7)^2}{138} = 0.35$	$\dfrac{(x_{12} - t_{12})^2}{t_{12}}$ $\dfrac{(7)^2}{278} = 0.18$	
A_2：不適合書類	$\dfrac{(x_{21} - t_{21})^2}{t_{21}}$ $\dfrac{(7)^2}{11} = 4.45$	$\dfrac{(x_{22} - t_{22})^2}{t_{22}}$ $\dfrac{(-7)^2}{22} = 2.23$	
計			7.21

$$\chi_0^2 = \frac{(-7)^2}{138} + \frac{(7)^2}{278} + \frac{(7)^2}{11} + \frac{(-7)^2}{22} = 7.21$$

手順5. 判定

χ_0^2 の値と $\chi^2(\phi, \alpha)$ の値を比較します。

① χ_0^2 の値が手順3で定めた棄却域に入れば、有意水準 で有意であり、帰無仮説 H_0 を棄却し、対立仮説 H_1 を採択します。したがって、行のカテゴリーが発生する確率は、列によって違いがあります。

② χ_0^2 の値が手順3で定めた棄却域に入らなければ、有意水準 で有意でなく、帰無仮説 H_0 を棄却できません。したがって、行のカテゴリーが発生する確率は、列によって違いがあるとはいえません。

表〈検定統計量の計算〉の結果、$\chi_0^2 = 7.21 > \chi^2(1, 0.05) = 3.84$

となり、有意水準5%で有意です。したがって、改善により不適合書類の発生率は変化しています。

一元配置実験（実験計画法）

（1）概　要

　一元配置実験とは、特性値に対して、1つの因子を取り上げて、各水準で繰り返し行う実験です。この実験結果から特性値に影響を及ぼす要因を見つけ出すことができます。

（2）適　用

　特性値に影響を及ぼす1つの要因に対して最適値を求めるときに、いくつかの要因を設定し実験を行うときに適用します。例えば、複数の材料から最適な材料を選択するときなどに適用します。

（3）解析および活用例

　ある製品の電源回路に使用するトランジスターの信頼性向上を図るため、現行使用の A_3 以外に2種類のサンプルをメーカより取り寄せて耐電圧試験を行いました。その結果、得られた表＜耐電圧値のデータ＞を次に示します。ただし、特性値は高いほうが望ましいとします。そこで、分散分析を行い、要因効果の有無を検討しました。

耐電圧値のデータ表		耐電圧値			
メーカ	A_1	60.1	60.1	60.2	60.3
	A_2	60.3	60.3	60.5	60.2
	A_3（現行）	59.9	59.8	60.1	59.8

手順1．一元配置データの構造式：$X_{ij} = m_i + e_{ij}$　$e_{ij} : N(0, s^2)$
手順2．データのグラフ化

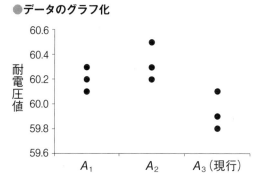

●データのグラフ化

手順 3.　仮説を立てる

帰無仮説 $H_0 : A_1 = A_2 = A_3$、対立仮説 $H_1 : A_1 \sim A_3$ のいずれか1つ以上が異なる。

手順 4.　統計量の計算

		耐電圧値				合計
メーカ	A_1	60.1	60.1	60.2	60.3	240.7
	A_2	60.3	60.3	60.5	60.2	241.3
	A_3 (現行)	59.9	59.8	60.1	59.8	239.6
合計						721.6

		(耐電圧値)^2				2 乗和
メーカ	A_1	3612.01	3612.01	3624.04	3636.09	14484.15
	A_2	3636.09	3636.09	3660.25	3624.04	15556.47
	A_3 (現行)	3588.01	3576.04	3612.01	3576.04	14352.1
合計						43392.72

水準数：$a = 3$　繰り返し数：$r = 4$

修正項：　$CT = \dfrac{\left(\displaystyle\sum_{i=1}^{a} \sum_{j=1}^{r} x_{ij} \right)^2}{ar} = \dfrac{721.6^2}{3 \times 4} = 43392.21$

総平方和：　$S_T = \displaystyle\sum_{i=1}^{a} \sum_{j=1}^{r} x_{ij}^2 - CT = \sum \sum (個々のデータの 2 乗) - CT$

$= 43392.72 - 43392.21 = 0.510$

因子 A の平方和：$S_A = \displaystyle\sum_{i=1}^{a} \frac{T_{i\cdot}^2}{r} - CT = \sum \frac{(A_i 水準でのデータの和)^2}{A_i 水準でのデータ数} - CT$

$$= \frac{240.7^2}{4} + \frac{241.3^2}{4} + \frac{239.6^2}{4} - 43,392.21 = 0.370$$

誤差の平方和：$S_E = S_r - S_A = 0.510 - 0.370 - 0.140$

総自由度：$\phi_T = ar - 1 = 3 \times 4 - 1 = 11$

因子 A の自由度　$\phi_A = a - 1 = 3 - 1 = 2$

誤差の自由度　$\phi_E = \phi_T - \phi_A = 11 - 2 = 9$

手順5. 分散分析表の作成

分散分析表	平方和 S	自由度 ϕ	分散 V	F_0 値	F 境界値
因子 A	S_A	$\phi_A = l - 1$	$V_A = S_A / \phi_A$	$F_0 = V_A / V_e$	$F = (\phi_A, \phi_e ; \alpha)$
誤差 E	S_e	$\phi_e = \phi_T - \phi_A$	$V_e = S_e / \phi_e$		
合計 T	S_T	$\phi_T = N - 1$			

$F(2,9 ; 0.05) = 4.26$　$F(2,9 ; 0.01) = 5.71$

	平方和 S	自由度 ϕ	分散 V	F_0 値	F 境界値
因子 A	0.37	2	0.185	11.56**	5.71
誤差 E	0.140	9	0.016		
合計 T	0.51	11		比較判定	

＊：有意　＊＊：高度に有意

手順6. 結果の判定

① 　$F_0 \geqq \mathrm{F}(\phi_A, \phi_E ; \alpha)$（$\alpha$ は普通、0.05 または 0.01）なら有意と判定し、A の効果があると見なします。

② 　もし $F_0 \geqq \mathrm{F}(\phi_A, \phi_E ; \alpha)$ のようになれば、「有意水準 α で有意でなく、A の効果があるとはいえない」となります。

　分散分析表の結果、$F_0 \geqq 11.56 > F(2,9 ; 0.01) = 5.71$ となります。したがって、「この耐電圧値はメーカによって違いがある」といえます。

手順7.　最適水準とその母平均の推定

最適水準は、耐電圧値の最も高い A_2 となります。

●**最高水準の決定**

メーカ		耐電圧値				平均
	A_1	60.1	60.1	60.2	60.3	60.18
	A_2	60.3	60.3	60.5	60.2	60.33
	A_3（現行）	59.9	59.8	60.1	59.8	59.90

A_2 が最大値（最適水準）

そこで、最適水準 A_2 の耐電圧値の母平均の推定を行います。

点推定値：$\widehat{\mu(A_2)} = \bar{x}_{A_2} = \dfrac{241.3}{4} = \dfrac{60.3+60.3+60.5+60.2}{4} = 60.33$

手順8.　最適水準の母平均の区間推定

信頼上限：$\widehat{\mu(A_2)} + t\,(\phi_e,\,\alpha)\sqrt{\dfrac{V_e}{r_i}} = 60.33 + t\,(9, 0.05)\sqrt{\dfrac{0.016}{4}} = 60.47$

信頼下限：$\widehat{\mu(A_2)} - t\,(\phi_e,\,\alpha)\sqrt{\dfrac{V_e}{r_i}} = 60.33 - t\,(9, 0.05)\sqrt{\dfrac{0.016}{4}} = 60.19$

コラム3　フィッシャーの3原則

実験を計画するにあたって、フィッシャーの3原則があります。

① 反復の原則：同一の条件のもとで実験を繰り返すこと

② 無作為化の原則：実験の順序を無作為にすること

③ 局所管理の原則実験の場が均一になるようブロックを分けること

二元配置実験（実験計画法）

（1）概　要

　二元配置実験とは、2つの因子を取り上げて、各水準の組合せで行う実験です。繰り返しのある場合は交互作用効果も判定できます。

（2）適　用

　特性値に影響する要因が2つある場合に、それぞれの要因の効果（主効果）と、それ以外に別の要因効果が表れることがあり、これを交互作用と呼んでいます。これらの効果を見るのが、繰り返しありの二元配置実験です。

　例えば、製造工程で加熱温度と炭素粒度との関係において、本来の製品強度以外に特別な効果が加算されることが予想される場合、この方法で繰返し実験数を2回以上にすることによって見つけることができます。

　交互作用が技術的に認められないときは、1回の実験で済ませることができます。これを繰り返しなしの二元配置実験となります。

（3）解析と活用事例

　戸羽君、今里君、石田君の3人は、カラオケの得点を競うことになりました。歌の種類によって得点の出方に違いがありそうだということで、演歌とポピュラーからそれぞれが2曲選んで歌い、得点表にまとめました。

　さて、結果はどうでしょうか。歌の種類と歌う人によって採点結果が違うかどうか、繰り返しのある二元配置実験で検討することになりましたました。

　3人が歌った結果は表〈カラオケの得点表〉のとおりです。

●カラオケの得点表

	B₁　演歌	B₂　ポピュラー
A₁	90	75
戸羽君	85	80
A₂	75	95
今里君	74	99
A₃	65	75
石田君	70	85

●計算補助表

	B₁ 演歌	B₂ ポピュラー	データ合計	(データ合計)²	(データ)² 合計	平均
A₁ 戸羽君	90 85	75 80	330	108900	27350	82.5
A₂ 今里君	75 74	95 99	343	117649	29927	85.8
A₃ 石田君	65 70	75 85	295	87025	21975	73.8
データ合計	459	509	968	313574		
(データ合計)²	210681	259081	469762			
(データ)² 合計	35551	43701			79252	
平均	76.5	84.8				80.7

二元表	B₁	B₂	
A₁	175	155	
A₂	149	194	
A₃	135	160	
(AᵢBⱼ の合計)² の合計			158312

手順 1.　平方和の計算

平方和を実際に計算するには、計算補助表のデータから計算します。

$$CT = \frac{(個々のデータの合計)^2}{総データ数} = \frac{968^2}{12} = 78085$$

$$S_T = (個々のデータの 2 乗和) - CT = 79252 - 78085 = 1167$$

$$S_A = \sum_{i=1}^{l} \frac{(\text{水準}A_i\text{のデータの合計})^2}{\text{水準}A_i\text{のデータ数}} - CT = \frac{313574}{4} - 78085 = 308.5$$

$$S_B = \sum_{j=1}^{m} \frac{(\text{水準}B_j\text{のデータの合計})^2}{\text{水準}B_j\text{のデータ数}} - CT = \frac{469762}{6} - 78085 = 208.7$$

$$S_{AB} = \sum_{i=1}^{l}\sum_{j=1}^{m} \frac{(\text{水準}A_iB_j\text{のデータの合計})^2}{\text{水準}A_iB_j\text{のデータ数}} - CT = \frac{158312}{2} - 78085 = 1071$$

$$S_{A\times B} = S_{A\times B} - S_A - S_B = 1071 - 308.5 - 208.7 = 553.8$$

$$S_e = S_T - (S_A + S_B + S_{A\times B}) = 1167 - (308.5 + 208.7 + 553.8) = 96$$

手順2.　自由度の計算

総自由度：$f_T = N - 1 = lmr - 1 = 3 \times 2 \times 2 - 1 = 11$

主効果 A の自由度：$f_A = l - 1 = 3 - 1 = 2$

主効果 B の自由度：$f_B = m - 1 = 2 - 1 = 1$

交互作用 $A \times B$ の自由度：$f_{A\times B} = f_A \times f_B = (l-1)(m-1) = 2 \times 1 = 2$

誤差自由度：$f_E = f_T - (f_A + f_B + f_{A\times B}) = 11 - (2 + 1 + 2) = 6$

手順3.　分散分析表の作成と判定

●分散分析表

要　因	平方和 S	自由度 ϕ	分散 V	分散比 F_0	F 境界値
因子 A（人）	308.5	2	154.25	9.64	7.26
因子 B（曲）	208.7	1	208.7	13.04	8.81
交互作用 $A \times B$	553.8	2	276.9	17.31	7.26
誤差 e	96.0	6	16.0		
合　計	1167.0	11			

$F(2,6;0.05) = 5.14$　　$F(2,6;0.01) = 7.26$　　$F(1,6;0.05) = 5.99$　　$F(1,6;0.01) = 8.81$

その結果、因子 A、因子 B、交互作用 $A \times B$ は高度の有意となりました。
したがって、カラオケの得点は、歌う人と選曲によって違いがあるというこ

とがわかりました。

手順 4.　最適水準の決定と平均値の推定

最適水準は A_2B_2 となります。

最適水準における母平均の点推定：$\widehat{\mu_{A_2B_2}} = \dfrac{194}{2} = 97$

水準 A_2B_2 における母平均の信頼率$(100 - \alpha)$％の信頼区間は、次のとおりです。

信頼上限：$\mu_U = \widehat{\mu_{A_2B_2}} + t\,(\phi_e,\,\alpha)\sqrt{\dfrac{V_e}{r}} = 97 + t\,(6, 0.05)\sqrt{\dfrac{16}{2}} = 103.8$

信頼下限：$\mu_U = \widehat{\mu_{A_2B_2}} - t\,(\phi_e,\,\alpha)\sqrt{\dfrac{V_e}{r}} = 97 - t\,(6, 0.05)\sqrt{\dfrac{16}{2}} = 90.0$

　したがって、今里君は 90 点台の得点をキープできるものと思われます。また満点(100 点)も夢ではないことがわかりました。

コラム 4　プーリングの検討を行う(主に因子が 3 つ以上の場合)

　要因効果がないと判断された場合、その要因のばらつきは誤差のばらつきの一部と見なします。このとき、誤差平方和にその要因の平方和を足し合わせて、改めて誤差平方和を求めます。同様に、誤差自由度にも自由度を足し合わせます。

　このようにして、効果のないと判断された要因を誤差に足し合わせて、誤差を再評価することをプーリングといいます。プーリングを行った場合、再度、分散分析表で効果を確認します。

　要因を残すときは次の場合です。

① 　主効果が有意になった要因を残す

② 　主効果が有意でなくても交互作用がある要因を残す

③ 　F 値が 2.00 以上の要因を残す

乱塊法実験（実験計画法）

（1）　概　　要

　乱塊法とは、すべての実験の場をそろえるのではなく、いくつかのブロックに分けて、各ブロックですべての水準組合せについて行う実験です。例えば、複数の実験日に分けて実施する場合などがあります。

（2）　適　　用

　1回の実験に時間がかかる、複数の装置を用意することができないなどの理由で何日かにわたって実験を行うとき、日付の要因をブロック因子として設定し、本来の主要因の効果を見るときに使用します。

（3）　解析と活用事例

　物質の濃度と反応速度についての実験を行いました。濃度を4通り（A_1、A_2、A_3、A_4）に設定して、それぞれ3回の実験を行い、反応速度を計測しました。1日に4通りの条件で1回ずつ実験し、3日間かけてデータを取りました。

●反応速度のデータ表

	1日目（R_1）	2日目（R_2）	3日目（R_3）
A_1	12.5	13.9	12.3
A_2	13.6	14.5	13.2
A_3	12.9	13.6	12.8
A_4	13.1	13.3	12.4

手順1．データのグラフ化

　解析を行うにあたって、まず、データをグラフ化します。各濃度における反応速度を実験日ごとにプロットします。このグラフから濃度による違いと実験

日による違いがありそうです。濃度による違いは実験日に対応しているようであり、実験日がブロック因子となっていることも見てとれます。

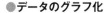

●データのグラフ化

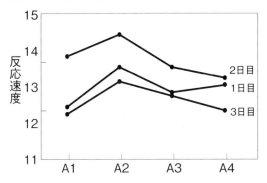

手順2. データの構造式

濃度 A による違い (α_i) があるか、実験日 R による違い (ρ_k) があるかを考えます。データの構造式は、$x_{ik} = \mu + a_i + \rho_k + \epsilon_{ik}, \sum_i a_i = 0, \rho_k \sim N(0, \sigma_R^2)$ です。

手順3. 統計量の計算

繰り返しなしの二元配置実験と同じ方法で統計量を計算します。まず、計算補助表を作成します。

●計算補助表

	1 日目 (R_1)	2 日目 (R_2)	3 日目 (R_3)	合計
A_1	12.5	13.9	12.3	38.7
A_2	13.6	14.5	13.2	41.3
A_3	12.9	13.6	12.8	39.3
A_4	13.1	13.3	12.4	38.8
合計	52.1	55.3	50.7	158.1

修正項：$CT = \dfrac{T^2}{N} = \dfrac{158.1^2}{12} = 2082.9675$

総平方和：$S_T = \Sigma$（個々のデータの 2 乗和）$- CT$

$$= (12.5^2 + 13.9^2 + 12.3^2 + 13.6^2 + 14.5^2 + 13.2^2 + 12.9^2 + 13.6^2$$
$$+ 12.8^2 + 13.1^2 + 13.3^2 + 12.4^2) - 2082.9675 = 4.7025$$

A の平方和：$S_A = \sum \dfrac{(A_i \text{ 水準でのデータ和})^2}{A_i \text{ 水準でのデータ数}} - CT$

$$= \frac{38.7^2 + 41.3^2 + 39.3^2 + 38.8^2}{3} - 2082.9675 = 1.4692$$

R の平方和：$S_R = \sum \dfrac{(R_k \text{ 水準でのデータ和})^2}{R_k \text{ 水準でのデータ数}} - CT$

$$= \frac{52.1^2 + 55.3^2 + 50.7^2}{4} - 2082.9675 = 2.7800$$

誤差平方和：$S_E = S_T - S_A - S_R = 4.7025 - 1.4692 - 2.7800 = 0.4533$

総自由度：$\phi_T = N - 1 = 12 - 1 = 11$

A の自由度：$\phi_A = a - 1 = 4 - 1 = 3$

R の自由度：$\phi_R = r - 1 = 3 - 1 = 2$

誤差自由度：$\phi_E = \phi_T - \phi_A - \phi_R = 11 - 3 - 2 = 6$

手順 4.　分散分析表の作成

●分散分析

要因	平方和 S	自由度 ϕ	分散 V	分散比 F_0	分散の期待値 $E(V)$
A	1.4692	3	0.4897	6.48	$\sigma^2 + 3\sigma_A^2$
R	2.7800	2	1.3900	18.4	$\sigma^2 + 4\sigma_R^2$
E	0.4533	6	0.0756		σ^2
合計	4.7025	11			

$F(3, 6 ; 0.05) = 4.76,\ F(2, 6 ; 0.05) = 5.14 \quad F(3, 6 ; 0.01) = 9.78,\ F(2, 6 ; 0.01) = 10.9$

　分散分析によって判定した結果、要因 A は有意であり、要因 R は高度に有意です。つまり、濃度によって反応速度に違いがあるといえます。さらに、実験日によって反応速度に違いがあることもわかりました。

手順 5.　最適水準の設定

　反応速度が最大になるのは、A_2 水準のときです。実験日は第 2 日目のときに最大となりますが、第 2 日目の状態を再現できるわけではありません。実験日の違いによる変動を表す分散 σ_R^2 は、分散の期待値の式から計算します。

$$\hat{\sigma}_R^2 = \frac{\mathrm{E}(V_R) - \mathrm{E}(V_E)}{4} = \frac{1.3900 - 0.0756}{4} = 0.3286$$

A_2 水準における母平均の点推定値 $\hat{\mu}(A_2)$ は、次のとおりです。

$$\hat{\mu}(A_2) = x_2 = \frac{41.3}{3} = 13.77$$

コラム5　実験計画の種類

一元配置実験：1つの因子を取り上げて、各水準で繰り返し行う実験。

二元配置実験：2つの因子を取り上げて、各水準の組合せで行う実験。繰り返しのある場合は交互作用効果も判定できます。

多元配置実験：3つ以上の因子を取り上げて、各水準の組合せで行う実験。実験回数が多くなりすぎることがあります。

直交配列表実験：多くの因子を取り上げるとき、すべての水準組合せではなく、一部の水準組合せで行う実験。どの水準組合せで実験するかは直交配列表を使って決められます。

乱塊法実験：すべての実験の場をそろえるのではなく、いくつかのブロックに分けて、各ブロックですべての水準組合せについて行う実験。例えば複数の実験日に分けて実施する場合などです。

分割法：水準変更が容易でない因子があるとき、まずその因子の水準についてランダム化し、次に他の因子の水準についてランダム化を行う、というように、段階的に行う実験。

直交配列表実験（実験計画法）

（1）　概　　要

　直交配列表実験とは、多くの因子を取り上げるとき、すべての水準組合せではなく、一部の水準組合せで行う実験です。どの水準組合せで実験するかは直交配列表を使って決められます。

（2）　適　　用

　主効果と交互作用の関係を表したものが線点図です。この線点図は、主効果を点で、交互作用を線で表したものです。実験で取り上げる要因に対して必要な線点図と同じ構造を、用意された線点図に見つけることができれば、その直交配列表を使って要因を割り付けることができます。

　4つの2水準因子$(A、B、C、D)$を取り上げ、それらの主効果と2つの交互作用$(A \times B、A \times C)$を調べる実験を計画します。6つの要因効果を調べるので、7列以上が必要になるため、$L_8(2^7)$直交配列表を用います。

●必要な線点図

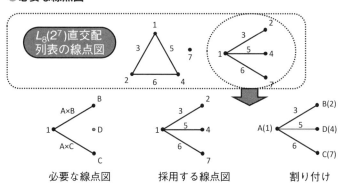

必要な線点図　　　　　　採用する線点図　　　　　　割り付け

　線点図へのあてはめを考えます。このとき、因子Aを第[1]列、因子Bを第[2]列、因子Cを第[7]列、因子Dを第[4]列に割り付け、2つの交互作用は$A \times B$が第[3]列、$A \times C$が第[6]列に現れます。誤差は、第[5]列に現れます。

●$L_8(2^7)$ 直交表とデータ

No.	[1] A	[2] B	[3] A×B	[4] D	[5]	[6] A×C	[7] C	水準 組合せ	データ
1	1	1	1	1	1	1	1	$A_1B_1C_1D_1$	70
2	1	1	1	2	2	2	2	$A_1B_1C_2D_2$	77
3	1	2	2	1	1	2	2	$A_1B_2C_2D_1$	87
4	1	2	2	2	2	1	1	$A_1B_2C_1D_2$	66
5	2	1	2	1	2	1	2	$A_2B_1C_2D_1$	94
6	2	1	2	2	1	2	1	$A_2B_1C_1D_2$	84
7	2	2	1	1	2	2	1	$A_2B_2C_1D_1$	66
8	2	2	1	2	1	1	2	$A_2B_2C_2D_2$	71

（3）　解析と活用事例

2 水準系直交配列表を使って実験を行います。適切な電気抵抗値を得るための最適な水準を求める事例です。

そこで、4 つの因子（A：炭素含有率、B：加熱温度、C：注入量、D：冷却温度）を取り上げて、各 2 水準を設定し、$L_8(2^7)$ 直交配列表に配列しました。

第[1]列の場合の計算は、次のとおりです。

①　第 1 水準の合計 =（データ表 No.1 〜 4 の合計）= 70 + 77 + 87 + 66 = 300

●電気抵抗値のデータ表

	炭素 含有量	加熱 温度	A×B	冷却 温度		A×C	注入力	電気抵抗値
■データ表	[1]	[2]	[3]	[4]	[5]	[6]	[7]	
No.	A	B	A×B	D		A×C	C	データ
1	1	1	1	1	1	1	1	70
2	1	1	1	2	2	2	2	77
3	1	2	2	1	1	2	2	87
4	1	2	2	2	2	1	1	66
5	2	1	2	1	2	1	2	94
6	2	1	2	2	1	2	1	84
7	2	2	1	1	2	2	1	66
8	2	2	1	2	1	1	2	77
第1水準の和T1	300	325	290	317	318	307	286	621
第2水準の和T2	321	296	331	304	303	314	335	
差	-21	29	-41	13	15	-7	-49	
平方和S	55.1	105.1	210.1	21.1	28.1	6.1	300.1	

②　第 2 水準の合計 =（データ表 No.5 〜 8 の合計）= 94 + 84 + 66 + 77 = 321

③　差 = 第 1 水準の合計 − 第 2 水準の合計 = 300 − 321 = −21

④　平方和 = 差^2／データ数 =（−21）^{2}/8 = 55.1

また、交互作用を調べるために二元表（A_iB_j、A_iC_k）にまとめます。

⑤　二元表（A_iB_j）の A_1B_1 = データ No.1 + データ No.2 = 70 + 77 = 147

以下、同様に計算します。

このデータ表から交互作用を取り上げた AB 二元表と AC 二元表を作成します。

●二元表

■AB二元表	B_1	B_2
A_1	147	153
A_2	178	143

■AC二元表	C_1	C_2
A_1	136	164
A_2	150	171

手順 1.　データのグラフ化

●データのグラフ化

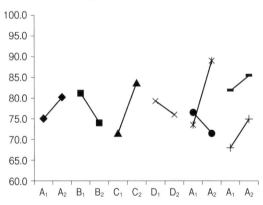

グラフからわかることは、因子 A、因子 B、因子 C は効果がありそうです。因子 D は、効果があるとは思えません。また、交互作用 $A × B$ は、交互作用がありそうですが、$A × C$ は交互作用がないように思われます。

手順 2.　分散分析表の作成

因子 A の場合の計算は、次のとおりです。

① 平方和：S_A = 第[1]列の平方和 =55.1

② 自由度：ϕ_A = 水準 − 1 = 2 − 1 = 1

③ 分散：V_A = 平方和 S_A/ 自由度 ϕ_A = 55.1/1 = 55.1

④ 分散比：F_0 = 分散 V_A/ 誤差分散 V_e = 55.1/28.1 = 1.96

⑤ F_0 境界値 = $F(\phi_A, \phi_e ; \alpha)$ = $F(1, 1 ; 0.05)$ =161.4

以下、同じように因子 B、因子 C、因子 D、交互作用 $A \times B$、交互作用 $A \times C$、誤差 E を計算し、分散分析表にまとめます。

分散分析表から、すべて有意ではありませんが、因子 A、因子 B、因子 C、交互作用 $A \times B$ の分散比 F_0 値が 2.00 ≧以上あることから、効果があると思われます。因子 $D(F_0$ 値 = 0.75)と交互作用 $A \times C(F_0$ 値 = 0.22)は、2.00 より小さいので無視することにしました。

●分散分析表

要因	平方和S	自由度ϕ	分散V	F_0値	P値	F境界値
因子A	55.1	1	55.1	1.96	39.5%	161.4
因子B	105.1	1	105.1	3.74	30.4%	161.4
因子C	300.1	1	300.1	10.67	18.9%	161.4
因子D	21.1	1	21.1	0.75	54.5%	161.4
交互作用$A \times B$	210.1	1	210.1	7.47	22.3%	161.4
交互作用$A \times C$	6.1	1	6.1	0.22	72.2%	161.4
誤差e	28.1	1	28.1			
合計T	725.7	7				

手順 3.　プーリング

プーリングの考え方は、次のとおりです。

① F 検定後、有意となった因子、交互作用は残す。

② 有意とならなくても、F_0 値が 2.00 以上の因子と交互作用は残す。

③ 主効果の F_0 値が 2.00 より小さくても、主効果の関係する交互作用が残る場合は、その主効果も残す。

ここで作成した分散分析表では、どの要因も有意水準 5% で有意ではありませんが、F_0 値が小さい主効果 D と交互作用 $A \times C$ をプーリングします。

プーリング後は、再度、分散分析表を作成します。

●プーリング後の分散分析表

要因	平方和S	自由度φ	分散V	F_0値	P値	F境界値
因子A	55.1	1	55.1	2.99	18.2%	10.1
因子B	105.1	1	105.1	5.71	9.7%	10.1
因子C	300.1	1	300.1	16.31	2.7%	10.1
交互作用A×B	210.1	1	210.1	11.42	4.3%	10.1
誤差e	55.3	3	18.4			
合計T	725.7	7				

　分散分析表の結果から、電気抵抗値は、因子A（炭素含有量）、因子B（加熱温度）、因子C（注入量）と交互作用$A \times B$（炭素含有量と加熱温度）に影響されるものと思われました。

手順4.　最適水準の決定と母平均の推定

　因子Aを要因Bの組合せが最大となるのは、AB二元表から水準A_2B_1、因子Cは単独で水準C_2が選ばれ、最適水準は$A_2B_1C_2$となります。

　最適水準$A_2B_1C_2$における母平均の点推定値は、A_2B_1における平均とC_2における平均から求めます。

$$\hat{\mu} = (A_2B_1C_2) = \overline{\mu + a_2 + c_2 + (ab)}_{21} + \widehat{\mu + c_2} - \hat{\mu}$$

$$= \frac{178}{2} + \frac{335}{4} + \frac{621}{8} = 95.12$$

　有効反復数n_eは、伊奈の式から、$\dfrac{1}{n_e} = \dfrac{1}{2} + \dfrac{1}{4} - \dfrac{1}{8} = \dfrac{5}{8}$となるので、信頼率95%での信頼区間は、次のようになります。

$$\hat{\mu} = (A_2B_1C_2) \pm t(f_E, b)\sqrt{\frac{V_E}{n_e}} = 95.12 \pm (3, 0.05)\sqrt{\frac{5}{8} \times 18.5}$$

$$= 95.12 \pm 3.182 \times 3.400 = 84.3 \sim 105.94$$

　電気抵抗値の最適水準は、炭素含有量10%、加熱温度250度、注入量30のときであることがわかりました。このときの電気抵抗値の平均値の推定は、点推定95.0 Ω、信頼率95%での区間推定は、84.3 ～ 105.9 Ωでした。

●最適水準の設定と最適水準時の平均値の推定

No.	炭素含有量 [1] A	加熱温度 [2] B	A×B [3] A×B	冷却温度 [4] D	[5]	A×C [6] A×C	注入力 [7] C
第1水準の和 T_1	300	325	290	317	318	307	286
第2水準の和 T_2	321	296	331	304	303	314	335
差	-21	29	-41	13	15	-7	-49
平方和 S	55.1	105.1	210.1	21.1	28.1	6	300.1

■AB二元表	B_1	B_2
A_1	147	153
A_2	178	143

$A_2B_1C_2$ が最大値
（最適水準）

最適水準は、炭素含有量 10%、加熱温度 250 度、注入量 30ℓ

電気抵抗値最適水準の時の平均値の推定

84.30Ω　　　95.12Ω　　　109.94Ω

信頼率95%

コラム6　相関と回帰

　相関分析とは、特性間の関連性を見る手法です。2つの変数は2次元の正規分布に従っていると仮定して、その関連性の強さを相関係数で表しています。

　一方、回帰分析とは、要因と特性の関連性を見る手法です。このとき、説明変数は指定できるものと考え、目的変数のみが正規分布に従っていると仮定して、説明変数の各値における目的変数の値の定量的な関係を直線関係として求めるものです。

　相関分析も回帰分析も散布図を書くという点では同じですが、一方の変数を指定できると考えられるかどうかが異なっています。

手　法　**17**

散布図（QC 7つ道具）

（1）　概　　要

　散布図とは、2つの対になったデータ x と y の関係を調べるため、x と y の交点を「・」でプロットし、この点の散らばり方からデータ間に関係があるかどうか（これを「相関」といいます）を見る手法です。

●散布図とは

	加熱時間（分）	製品強度
A	60	121.5
B	20	95.7
C	22	90.8
D	12	86.7
E	12	90.6
F	22	106.9
G	52	125.7
H	47	112.4
I	33	104.1
J	6	97.3

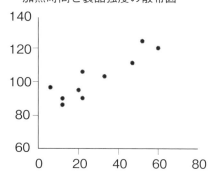

加熱時間と製品強度の散布図

（2）　適　　用

　結果を縦軸に、要因を横軸にとった散布図で表すことによって、要因の変量から結果の変化量を予測すること、すなわち片方の結果からもう片方の求めたい結論を予測することができます。例えば、営業活動と売上高、運動量とダイエット効果などが挙げられます。

（3）　解　　析

手順 1．データを集める

　2つの特性値の組のデータを集めます。データ数は、120 程度集めます。

手順 2.　散布図を作成する

　2 つの特性値を横軸と縦軸に設定します。結果と要因の特性値の場合は、要因を横軸にし、結果を縦軸に設定します。散布図を作成し、点の散らばり方から 2 つの特性値の相関関係を読み取ります。

●**相関関係を見る**

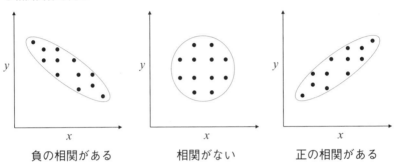

手順 3.　相関係数を計算する

　相関関係を数量で表したものが相関係数です。この値が ± 1 に近いほど相関が強く、0 に近いほど相関がないと判断します。相関の有無を判定するには、無相関の検定を行います。

●**散布図の作成と相関係数の計算**

No.	炭素添加率	電気抵抗値
1	1.2	22.4
2	1.2	24.8
3	1.1	21.2
4	0.7	19.5
5	0.8	19.6
6	0.9	22.7
7	1.4	24.4
8	1.1	23.5

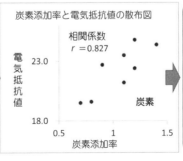

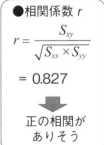

●相関係数 r

$$r = \frac{S_{xy}}{\sqrt{S_{xx} \times S_{yy}}}$$

$= 0.827$

正の相関がありそう

（4）　活用のポイント

1）　飛び離れたデータが出現したとき

　全体の点の散らばりから飛び離れた点があれば、データの履歴からその原因を調べます。その結果、測定ミスや他のデータが混在しているとわかったときには、そのデータを除いて再度、散布図を書き直します。

●飛び離れたデータが出現したとき

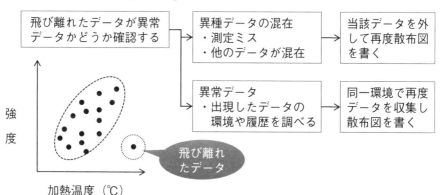

2）　今までの経験から判断すると疑問に感じたとき

　散布図を書いたところ、「相関がない」と判断されました。しかし、今までの経験から、この要因は結果に対して「相関がある」はずだ、と疑問を感じた

●散布図の層別

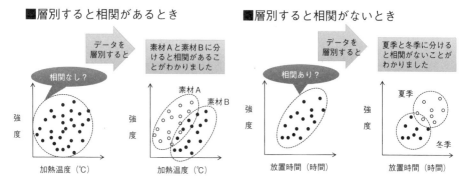

ら、データの履歴を確認し、層別できる要素を探して層別した散布図を書いてみます。その結果、層別された散布図からは、「相関がある」ということが判明することもありますし、その逆もあります。新たに層別してみると、実は相関がなかったということも考えられます。

(5)　活用事例

　あるスーパーマーケットでは、新聞に折込みチラシを入れていました。あるとき、売場の主任からこの折込みチラシが売上に役立っているのかどうか、疑問が投げかけられました。

　そこで、系列の 8 店舗の「折込費用」と「売上金額」のデータを散布図に書いた結果、関係がないように見えましたが、店舗を住宅地と商業地で分けたところ、商業地では、折込み費用と売上金額と相関がなさそうであり、住宅地では、折込み費用と売上金額と相関があることがわかりました。

●チラシと売上額の散布図を層別すると

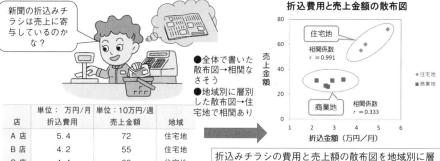

店	単位： 万円/月 折込費用	単位：10万円/週 売上金額	地域
A 店	5.4	72	住宅地
B 店	4.2	55	住宅地
C 店	4.4	60	住宅地
D 店	2.9	31	商業地
E 店	2.7	26	商業地
F 店	2.6	27	商業地
G 店	3.4	32	商業地
H 店	2.2	31	商業地

折込みチラシの費用と売上額の散布図を地域別に層別すると
・商業地は、折込費用と売上金額と相関がなさそう
・住宅地は、折込費用と売上金額と相関がある

住宅地は折込みチラシの効果がありそうなので、今後も強化していくことにしました

相関係数（相関分析）

（1）　概　　要

散布図から相関関係を読み取ることもできますが、この相関の度合いを統計量として把握するには、相関係数 r を計算します。

x の平方和：$S_{xx} = \sum x_i^2 - \dfrac{\left(\sum x_i\right)^2}{n}$　　　y の平方和：$S_{yy} = \sum y_i^2 - \dfrac{\left(\sum y_i\right)^2}{n}$

x と y の積和：$S_{xy} = \sum x_i y_i - \dfrac{\left(\sum x_i\right)\left(\sum y_i\right)}{n}$　　相関係数：$r = \dfrac{S_{xy}}{\sqrt{S_{xx} \times S_{yy}}}$

この相関係数 r は、$-1 \leqq r \leqq +1$ の範囲をとります。

● 相関係数の概念

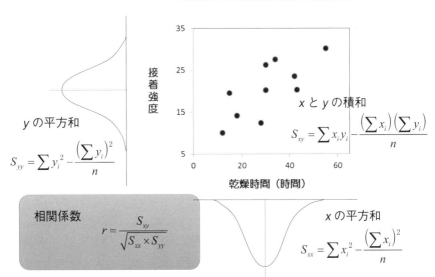

(2) 適　用

相関の強さを表したいとき、相関係数を計算します。

(3) 計算および活用事例

計算補助表を作成します。ここでは、前述の乾燥時間と接着強度のデータから相関係数を計算します。

●乾燥時間と接着強度の計算補助表

No.	乾燥時間 (x)	接着強度 (y)	x²	y²	x y
1	18	14.2	324	201.64	255.6
2	28	12.4	784	153.76	347.2
3	30	26.3	900	691.69	789.0
4	12	10.1	144	102.01	121.2
5	42	23.6	1764	556.96	991.2
6	43	20.4	1849	416.16	877.2
7	15	19.6	225	384.16	294.0
8	30	20.3	900	412.09	609.0
9	55	30.2	3025	912.04	1661.0
10	34	27.6	1156	761.76	938.4
合　計	307	204.7	11071	4592.27	6883.8

$$x \text{ の平方和} : S_{xx} = \sum x_i^2 - \frac{\left(\sum x_i\right)^2}{n} = 11{,}071 - \frac{(307)^2}{10} = 1{,}646.1$$

$$y \text{ の平方和} : S_{yy} = \sum y_i^2 - \frac{\left(\sum y_i\right)^2}{n} = 4592.27 - \frac{(204.7)^2}{10} = 402.061$$

$$x \text{ と } y \text{ の積和} : S_{xy} = \sum x_i y_i - \frac{\left(\sum x_i\right)\left(\sum y_i\right)}{n} = 6883.8 - \frac{307 \times 204.7}{10} = 599.51$$

$$\text{相関係数} : r = \frac{S_{xy}}{\sqrt{S_{xx} \times S_{yy}}} = \frac{599.51}{\sqrt{1646.1 \times 402.061}} = \frac{599.51}{813.53} = 0.737$$

無相関の検定（相関分析）

(1) 概　要

母相関係数 $r = 0$ の2変量正規母集団から大きさ n のサンプルを取り出したときの相関係数を r とすると、

$$t = \frac{r\sqrt{n-2}}{\sqrt{1-r^2}}$$

は自由度 $(n - 2)$ の t 分布に従います。この結果から、$r = 0$ に対する仮説検定をすることができます。これを無相関の検定といいます。

(2) 適　用

データの組数が30以下の場合に適用できます。

(3) 解　析

無相関の検定の解析手順は、次のとおりです。

手順1. 仮説の設定

　帰無仮説 $H_0 : r = 0$　対立仮説 $H_1 : r \neq 0$

手順2. 有意水準の設定　有意水準：$\alpha = 0.05$

手順3. 棄却域の設定　棄却域 $R : |t_0| \geq t(n-2, \alpha)$

手順4. 検定統計量の計算

$$\text{検定統計量}：t_0 = \left| \frac{r\sqrt{n-2}}{\sqrt{1-r^2}} \right|$$

手順5. 判定

検定統計量 t_0 と棄却域 $t(n - 2, \alpha)$ を比較します。

①　有意であれば、帰無仮説 H_0 を捨てて、相関があるといいます。

②　有意でなければ、相関があるとはいいきれない、と判断します。

（4）　活用事例

　ある職場で、ダイエットのため、食事を少し控えて、食後は軽く運動してみようということになり、運動がダイエットに効果が出ているのか調べることにしました。スタッフごとに1か月間のダイエット効果と1日当たりの運動量を測定することにしました。

●運動量とダイエット効果のデータ表

メンバー	x	y	x^2	y^2	xy
スタッフ A	60	122	3,600	14,884	7,320
スタッフ B	20	96	400	9,216	1,920
スタッフ C	22	91	484	8,281	2,002
スタッフ D	12	87	144	7,569	1,044
スタッフ E	12	91	144	8,281	1,092
スタッフ F	22	107	484	11,490	2,354
スタッフ G	52	126	2,704	15,876	6,552
スタッフ H	47	112	2,209	12,544	5,261
スタッフ I	33	104	1,089	10,816	3,432
スタッフ J	6	97	36	9,409	582
合　計	286	1,032	11,294	108,325	31,562

・無相関の検定

手順 1.　仮説の設定　帰無仮説 $H_0 : \rho = 0$　　対立仮説 $H_1 : \rho \neq 0$

手順 2.　有意水準の設定　有意水準：$\alpha = 0.05$

手順 3.　棄却域の設定

　棄却域 $R_0 : t_0 \geq t(n-2, a) = t(10-2, 0.05) - t(8, 0.05) = 2.306$

手順 4.　統計量の計算　統計量：$t_0 = \left| \dfrac{r\sqrt{n-2}}{\sqrt{1-r^2}} \right| = \dfrac{0.900\sqrt{10-2}}{\sqrt{1-0.900^2}} = 5.838$

手順 5.　判定　$|t_0| = 5.838 - t(8, 0.05) = 2.306$

　有意水準5％で有意となります。したがって、運動量とダイエット効果は相関があるといえます。

単回帰分析（回帰分析）

（1）　概　　要

　説明変数 x のいくつかの値で観測された目的変数の値 y について、この x と y の母平均との間に成り立つ関数関係を直線で表される関係を分析するのが回帰分析です。

　回帰分析の解析手順は、次のとおりです。

手順 1.　回帰母数 $\hat{\beta}_0$、$\hat{\beta}_1$ を最小二乗法により推定する

手順 2.　回帰関係の有意性を検討する

手順 3.　回帰係数の有意性を検討する

手順 4.　寄与率を求め、得られた回帰式の性能を評価する

手順 5.　残差の検討を行い、得られた回帰式の妥当性を検討する

●回帰分析の手順

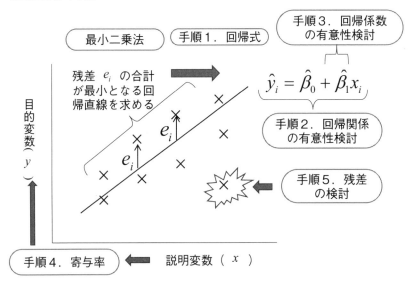

(2)　適　用

1つの要因が結果に影響しているデータから結果を予測する際に用います。

(3)　解析と活用事例

　ある会社では、各工場で設置している電気設備の状況を把握することとなりました。長年使っていると劣化してくるので、いつ点検をし、いつ改修すればいいかを調べるため、8か所の設備の経年と劣化度を測定しました。その結果が〈経年と劣化度のデータ表〉です。

●経年と劣化度のデータ表

No.	経年 x	劣化度 y	x^2	y^2	xy
1	12	22	144	484	264
2	12	24	144	576	288
3	11	21	121	441	231
4	7	19	49	361	133
5	8	19	64	361	152
6	9	22	81	484	198
7	14	24	196	576	336
8	11	23	121	529	253
合計	84	174	920	3812	1855

1)　回帰式の予測

　回帰係数はデータ表から最小二乗法で求めます。

母切片の推定値：$\hat{\beta}_0 = \bar{y} - \hat{\beta}_1\bar{x} = 21.75 - 0.737 \times 10.5 = 14.01$

母回帰係数の推定値：$\hat{\beta}_1 = \dfrac{S_{xy}}{S_{xx}} = \dfrac{28}{38} = 0.737$

　したがって、回帰式は次の式になります。

回帰式：$\hat{y}_i = \hat{\beta}_0 + \hat{\beta}_1 x_i = 14.01 + 0.737x$

2) 回帰関係の有意性を検討する

残差平方和は $S_e = S_{yy} - \dfrac{S_{xy}^2}{S_{xx}}$ と表します。総平方和 S_{yy} から残差平方和 S_e を引いたものが回帰による平方和 S_R であり、予測値 $\hat{y}_i$ と平均 $\bar{y}$ との差の平方和を表しています。

回帰による平方和 : $S_R = \dfrac{S_{xy}^2}{S_{xx}}$

このように、平方和は回帰による平方和と残差平方和に分解されます。

全体の平方和 : $S_T = S_R + S_e$

回帰による自由度と残差平方和の自由度はそれぞれ、

回帰による自由度 : $f_R = 1$　　残差平方和の自由度 : $f_e = n - 2$

となり、誤差分散 s^2 の推定値 V_e は、次のようになります。

誤差分散の推定値 : $V_e = \dfrac{S_e}{n-2}$

以上の結果から、回帰関係が有意であるかどうかの検定($H_0 : \beta_1 = 0,\ H_1 : \beta_1 \neq 0$)のための分散分析表を作成します。

●分散分析表

要因	平方和	自由度	分　散	F 値
回帰 R	20.632	1	20.632	18.019
残差 e	6.868	6	1.145	
合計 T	27.5	7		

3) 回帰係数について検定・区間推定を行う

回帰係数 β_1 が "ゼロ" かどうかを検定するには、$\hat{\beta}_1$ を標準化して s^2 を推定値 V_e で置き換えると、帰無仮説 $H_0 : \beta_1 = 0$ のもとでは、検定統計量 $t_0 = \dfrac{\hat{\beta}_1}{\sqrt{\dfrac{V_e}{S_{xx}}}}$ は自由度 $(n - 2)$ の t 分布に従います。

したがって、$|t_0| \geq t(\phi, \alpha)$ のとき、有意水準 α で帰無仮説 $H_0 : \beta_1 = 0$ が棄却

されることになります。

手順1.　仮説の設定　帰無仮説 $H_0 : \beta_1 = 0$　対立仮説 $H_0 : \beta_1 \neq 0$

手順2.　棄却域の設定　$R : t_0 > t(\phi_e, \alpha) = t(6, 0.05) = 2.447$

手順3.　統計量の計算　統計量：$t_0 = \dfrac{\hat{\beta}_1}{\sqrt{\dfrac{V_e}{S_{xx}}}} = \dfrac{0.735}{\sqrt{\dfrac{1.145}{38}}} = 4.249$

手順4.　判定　有意水準 5% で有意となり、$\hat{\beta}_1 \neq 0$ といえます。

4)　寄与率

直線のデータへの当てはめのよさを測る指標として、寄与率があります。

寄与率　$R^2 = \dfrac{S_R}{S_{yy}} = 1 - \dfrac{S_e}{S_{yy}}$

R^2 は x と y の相関係数 r_{xy} と次の関係があります。

寄与率と相関係数の関係　$R^2 = \dfrac{S_R}{S_{yy}} = \dfrac{S_{xy}^2 / S_{xx}}{S_{yy}} = \left(\dfrac{S_{xy}}{\sqrt{S_{xx} S_{yy}}} \right)^2 r_{xy}^2$

この R_2 は寄与率と呼ばれる量で、「全変動のうち回帰によって説明できる変動の割合」であり、1 に近いほど求めた回帰式が成り立ちます。

寄与率：$S_R = \beta_1 S_{xy} = 0.737 \times 28 = 20.636$　寄与率：$R_2 = \dfrac{S_R}{S_{yy}} = \dfrac{20.636}{27.5} = 0.750$

5)　残差分析

標準化残差が ± 3.00、± 2.50 を超えているものがないので、データはすべて使えます。

管理図（QC 七つ道具）

（1）概　要

　仕事を行った結果生じる「偶然によるばらつき」と「異常原因によるばらつき」を管理する必要があります。異常原因によるばらつきは、工程の状態が変化しているためであり、この異常原因を突き止めて改善する必要があります。偶然によるばらつきは、自然にばらつくものであり、特に大きな影響が出ない場合は、このばらつきがあることを認識したうえで仕事のやり方を決めます。

●管理図のしくみ

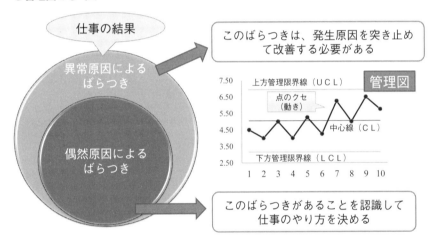

（2）適　用

　管理図には、扱うデータの特性によって、いくつかの種類があります。一番よく使われているのが、計量値データの管理図としての $\bar{X}$-R 管理図です。

　計量値データでは、他に X 管理図や $\bar{X}$ 管理図があります。

　計数値データでは、p 管理図・np 管理図や u 管理図・c 管理図などがあります。管理するデータの種類や目的によって選択することができます。

(3)　解　　析

$\bar{X}$-R 管理図を使った解析手順は、次のステップのとおりです。

Step1.　サンプルを収集する

調べたい工程から対象となる品質特性のデータを定期的に収集します。データ数は、1群（例えば1日単位）3～5程度、ランダムサンプリングします。

Step2.　$\bar{X}$-R 管理図を作成する

集めたデータを、ルールに従って管理限界線を計算し、$\bar{X}$-R 管理図を作成します。

Step3.　管理図から管理状態を見る

管理限界線を計算し、点が管理限界線を超えているかどうか、点の並びにくせがないかどうかで、工程が管理状態にあるかどうかを判断します。

●管理図の作成

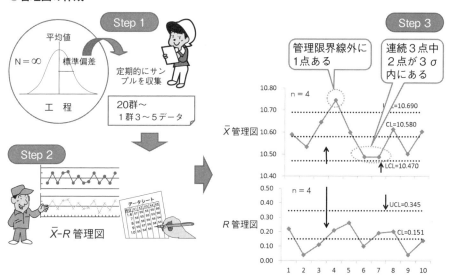

（4）　$\bar{X}$-R管理図の作成手順

1）　$\bar{X}$-R管理図データの収集

　$\bar{X}$-R管理図は、複数のデータを群ごとに収集し、群ごとの平均値$\bar{X}$と範囲Rを求め、$\bar{X}$管理図とR管理図に別々に打点して作成します。

　ここでは、電気材料の電気抵抗値について、1日4個のデータを12日間測定したデータシートから管理図を作成する手順を解説します。

$\bar{X}$-R管理図の データシート

製品名称	電気材料			番号	EMB-5482-ST		
品質特性	電気抵抗値			規格値	6.00±2.00（Ω）		
測定単位	0.1Ω			期間	6月1日～12日		

	月日	X_1	X_2	X_3	X_4	小計	$\bar{X}$	R
1	6月1日	5.0	4.1	5.8	5.4	20.3	5.075	1.7
2	6月2日	3.7	5.8	5.2	3.9	18.6	4.650	2.1
3	6月3日	5.5	6.6	7.2	5.2	24.5	6.125	2.0
4	6月4日	3.7	4.8	4.4	5.2	18.1	4.525	1.5
5	6月5日	4.7	7.3	5.7	6.3	24.0	6.000	2.6
6	6月8日	3.6	5.2	5.2	3.9	17.7	4.425	1.6
7	6月9日	6.2	7.9	8.3	7.4	29.8	7.450	2.1
8	6月10日	6.7	7.4	6.9	5.9	26.9	6.725	1.5
9	6月11日	6.5	6.3	7.2	8.1	28.1	7.025	1.8
10	6月12日	5.0	6.1	5.3	7.2	23.6	5.900	2.2
管理限界						合計	57.900	19.1
$\bar{X}$　管理図		UCL	7.182	LCL	4.398		$\bar{\bar{X}}$	$\bar{R}$
R　管理図		UCL	4.359	LCL	-		5.790	1.910

備考
データ測定期間中に特に異常データは見つかっていない。

2）　管理限界の計算

　$\bar{X}$-R管理図から管理状態を判断する基準となるものの1つに、上方管理限界線（UCL）と下方管理限界線（LCL）があります。

　管理図の管理限界線を求める計算の手順は、次のとおりです。

　中心線$CL = \bar{\bar{X}}$を計算します。

$$CL\left(\bar{\bar{X}}\right) = \frac{\sum \bar{x}_i}{群の数} = \frac{57900}{10} = 5.790、\quad CL\left(\bar{R}\right) = \frac{\sum R_i}{群の数} = \frac{19.1}{10} = 1.910$$

$\bar{X}$ 管理図：上方管理限界線 $UCL = \bar{\bar{X}} + A_2\bar{R} = 5.790 + 0.729 \times 1.910 = 7.182$

下方管理限界線 $LCL = \bar{\bar{X}} - A_2\bar{R} = 5.790 - 0.729 \times 1.910 = 4.398$

R 管理図：上方管理限界線 $UCL = D_4\bar{R} = 2.282 \times 1.910 = 4.359$

下方管理限界線 $UCL = D_3\bar{R}$ （この例では考えません）

●**管理図に用いる係数**

1群の データ数	$\bar{X}$管理図 A_2	R管理図 D_2	D_3	D_4	1群の データ数	$\bar{X}$管理図 A_2	R管理図 D_2	D_3	D_4
2	1.880	3.686	-	3.267	6	0.483	5.078	-	2.004
3	1.023	4.358	-	2.574	7	0.419	5.204	0.076	
4	0.729	4.698	-	2.282	8	0.373	4.698	0.136	
5	0.577	4.918	-	2.114	9	0.337	5.383	0.184	

3) 管理図の作成

前述のデータシートから、$\bar{X}$ 管理図と R 管理図を作成します。

●**管理図の作成**

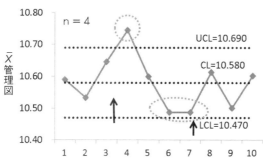

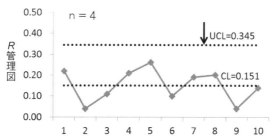

（5）　活用のポイント

　工程が管理状態にあるときは、管理図上において次の2つの条件が満足されている状態です。

①　管理はずれがないこと

②　点の並びに顕著なくせがないこと

　実際には、ある期間の工程のデータを採取して管理図を書いた場合、プロットに連、傾向、周期などのくせがなく、次のいずれかの条件を満たしていれば、管理状態と見なし、その管理線を工程の状態として工程管理に用いることができます。

③　連続25点以上が管理限界線内にある

④　連続35点中、管理限界線外のプロットが1点まで

⑤　連続100点中、管理限界線外のプロットが2点以内

　さらに詳細な管理図の見方と判断の目安は、次のとおりです。

●管理図のクセ

No.1	No.2	No.3	No.4
管理はずれが発生し、点が管理限界線の外側にプロットされた	点が中心線の上側（下側）のみに連続して9点以上プロットされた	管理限界内であっても、点が連続して7点以上、上昇（下降）してプロットされた	管理限界内であっても、14点以上の点が交互に増減しながら連続した

No.5	No.6	No.7	No.8
連続3点中、2点が3σ領域にプロットされた	連続する5点中、4点が2σの領域、あるいは、それを超えた領域にプロットされた	点が連続して1σの領域に15点プロットされた	連続する8点が1σ領域を超えた領域にプロットされた

(6)　活用事例

　ある製造ラインでときどき「寸法不良」が見つかっていました。そこで、実態を把握するため、製造課が9月8日(月)から9月30日(火)までの寸法データを持ってきました。データは、1日3個をランダムサンプリングで収集していたため、$\bar{X}$-R管理図を書きました。

　その結果、9月24日以降に「連続3点中2点が3σ領域に入っている」ことがわかりました。このことから、管理状態でなくなった原因を追究することとなり、製造課は関係者を集めて検討することになりました。

●寸法不良の実態を管理図で把握

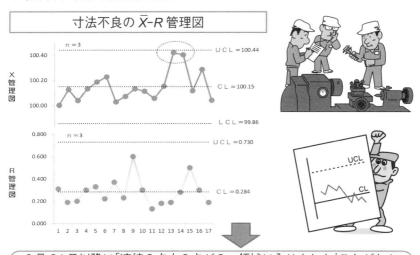

　9月24日以降に「連続3点中2点が3σ領域に入りました」ことがわかりました。このことから、管理状態でなくなった原因を追究することとなりました。

親和図法（新 QC 七つ道具）

(1) 概　要

　親和図法とは、未経験の分野、あるいは未来・将来の問題など、混沌からモヤモヤしハッキリしない中から、事実あるいは推定、意見などを言語データでとらえ、それらの言語データを親和性によって統合し、問題の構造やあるべき姿を明らかにする手法です。

●親和図とは

たとえば、「二度と行きたくない居酒屋」を仲間で言い合った言語データを親和図でまとめてみると

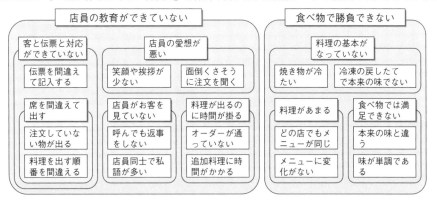

(2) 適　用

　「問題は一体どこにあるのだろうかを明らかにしたい」あるいは「あるべき姿を明らかにしたい」または「部下の参画・合意を得て上位方針を徹底したい」など、混沌としてよくわからない問題を構造的に明らかにするために用い

る手法です。

(3)　解　析

親和図法による解析手順は、次のステップのとおりです。

Step1.　言語データを収集する

親和図法を活用するには、まず言語データを収集することから始めます。収集する言語データには、会議や検討会での意見、お客様の声の要望、アンケートの自由記述欄のコメントなどがあります。

Step2.　言語データを作成する

収集した言語データは、主語と述語の短文で表現し、言語カードを作成します。このとき、1つの言語データには1つの内容を具体的に表現します。

Step3.　親和図を作成する

言語データをその内容の親和性(似ているもの同士)で集め、まとめた親和カードを作成しながら親和図を作成していきます。このとき、2枚の言語データから1枚の親和カードを順に作っていくことがポイントとなります。決して5枚や6枚の言語カードを一度にまとめないようにします。

Step4.　情報を読み取る

親和図が完成したら、親和図を大きくまとめた親和カードから順に文章に書いていきます。このまとめた文章から目的とした情報を得ます。

●親和図法の解析

（4）　活用のポイント

① 　主語＋述語または名詞＋動詞など、短い文(センテンス)にします。

●言語データの表し方

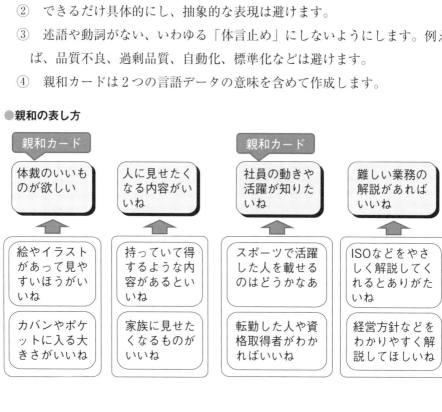

② 　できるだけ具体的にし、抽象的な表現は避けます。

③ 　述語や動詞がない、いわゆる「体言止め」にしないようにします。例え
ば、品質不良、過剰品質、自動化、標準化などは避けます。

④ 　親和カードは2つの言語データの意味を含めて作成します。

●親和の表し方

（5）　活用事例

　雑貨店で、「このバッグで、携帯電話を入れるポケットがついているものはないでしょうか」、「申し訳ございません、このバックにはついていないんです」、「そうですか、じゃあ、またにします」こんな会話の後、スタッフが"携帯電話のポケットがついていればバッグが１つ売れた"とお客様の意見をメモに書きました。

　このような意見をまとめ、商品企画本部に送りました。商品企画本部では、これらの意見から言語データを「お客様要望カード」としてカード化し、親和図を作成しました。その結果、「いろいろな環境変化に対応できるようにしてほしい」ということと「仕切りや収納ポケットを増やしてほしい」をお客様が望んでいることがわかり、さっそく、商品企画会議で報告しました。

●売場でのお客様の意見を親和図にまとめた例

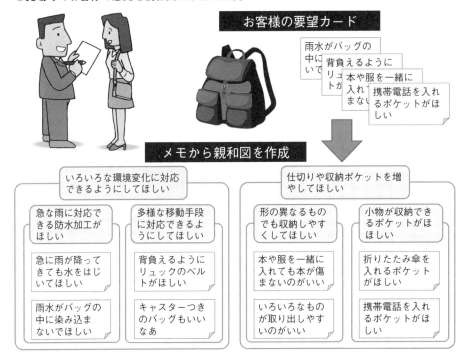

手法 23　連関図法(新 QC 七つ道具)

(1)　概　　要

　連関図法とは、問題とする事象(結果)に対して、原因が複雑に絡み合っている場合に、その因果関係や原因相互の関係を矢線によって論理的に関係づけ、図に表すことによって、原因の探索や構造の明確化を可能にし、問題解決の糸口を見出す方法です。

(2)　適　　用

　連関図は解決すべき問題はつかめたが、「原因がモヤモヤしていて今ひとつはっきりしない」、「解決へ導くための切り口が見つからない」など、混沌とした状態を整理して、手を打つべき原因を見つけるために活用します。

●連関図法とは

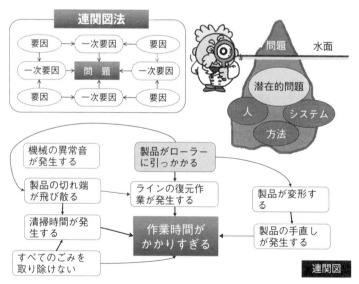

(3)　解　析

連関図による解析手順は、次のステップのとおりです。

Step1.　問題を設定する

取り上げる問題を設定します。そして、問題に関連する現象を調べます。このとき、数値データで実態を把握します。

Step2.　要因を掘り下げる

まず、問題の現象をとらえて問題の周りに書き、これを一次要因とします。その後、一次要因ごとに「なぜ？なぜ？」を繰り返し、要因を掘り下げ、その結果を連関図に書きます。

Step3.　事実を確認する

連関図は、最低３回検討します。１回目は机上で、２回目は書き上げた連関図で、３回目は関係者で議論して検討し、仕上げます。

●連関図法の解析

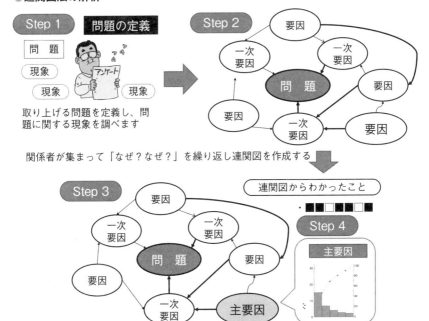

Step4.　主要因を検証する

　重要と思われる主要因を特定し、データから真の原因を突き止めます。

（4）　活用のポイント

　一次要因ごとに関連するデータを収集し、グラフに表し、この結果を連関図の一次要因の周辺に配置します。

　一通り連関図が出来上がった時点でチェックを行い、修正します。

① 全体を眺めて、「抜け」や「落ち」があれば追加します。

② 要因間の関連性をチェックし、関連する要因同士を矢線で結びます。

③ 矢線がループになる因果関係は、どこかで断ち切ります。選び出された主要因は、データで検証を行います。主要因の実態を把握するため、データを層別して状態を比較する棒グラフを書いたり、時系列折れ線グラフから変化点の環境変化を読み取ります。

●データによる主要因の検証

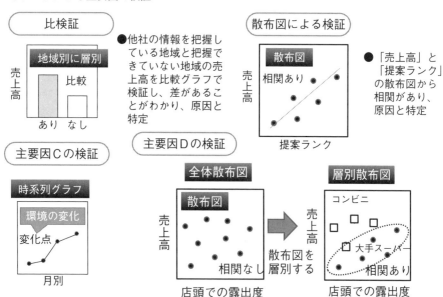

④　散布図から相関がなさそうという結果が得られたら、データを層別して相関を見ます。層別した散布図で相関が認められたら、その項目に要因を書き直します。

(5)　活用事例

　営業部では、主力製品の売上が伸びないことの原因を探すため、連関図を書きました。ここでは、4 つの主要因「店舗での露出が減ってきた」、「訪問回数が少ない」、「特別な提案をしていない」、「他社の動きを把握できていない」を選び出しました。

●主力商品の売上が伸びない理由を検討した連関図

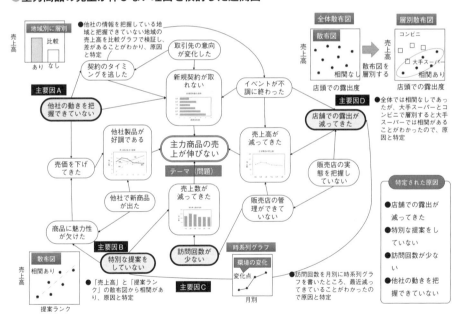

系統図法（新 QC 七つ道具）

(1) 概　　要

　系統図法は、ある達成したい目的を果たすための手段を複数考え、さらにその手段を目的としてとらえなおして、その目的を達成するための手段を考える方法です。

●系統図法とは

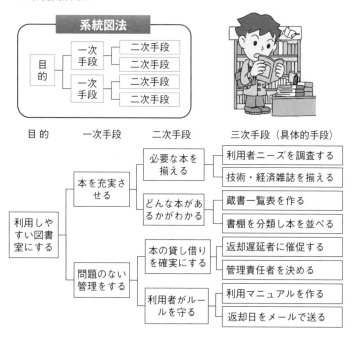

(2) 適　　用

　目的を果たす最適手段を系統的に追求する方法です。また、改善対象の構成要素を明らかにし、その相互の関係を示す方法です。

(3)　解　析

Step1.　目的を設定する

方策を検討する目的とコンセプトを設定します。

Step2.　制約条件を設定する

達成すべき目的の制約条件を設定し、合わせて上位目的を考えます。

Step3.　手段を展開する

目的を達成するための手段は、最初は大きな概念で展開し、順次具体化していきます。最初に具体的な内容を出すと、手段の展開の幅が狭いものになってしまいます。

Step4.　1 目的－2 手段で展開する

展開の基本は、1 目的を 2 手段以上で展開します。1 目的 1 手段になっているところがあれば、無理にでももう 1 つの手段を出します。

書き上げた系統図は、作成者以外の人たちに意見を求めます。自分たちでは気づかなかったよいアイデアが得られることもあります。

●系統図法の解析

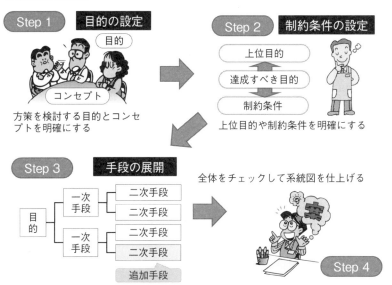

（4）　活用のポイント

系統図の展開は、1目的2手段で展開することを基本にします。

①　高次手段でまとめている場合には、まとめた手段「D」を手段「B」「C」の前にもっていきます。

②　1目的－1手段の展開の場合には、1目的－2手段になるよう、無理やりにでも新しい手段「G」を1つ考え出します。

③　展開の段階が飛んでいる場合には、手段「A」と手段「E」の間に、手段「F」を追加します。そして、先ほどの1目的－1手段になっている手段「F」手段「E」のところで新たな手段「G」を考えます。

最終的には、系統図は「末広がり」になっていれば完成です。

●**系統図法の活用ポイント**

①高次手段でまとめている場合

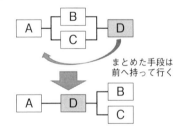

②1目的－1手段の展開の場合

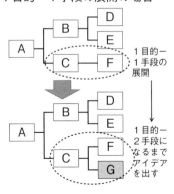

③展開の段階が飛んでいる場合

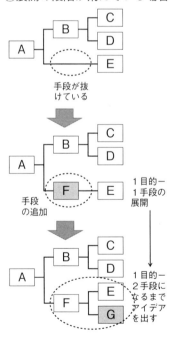

(5)　活用事例

　ある営業部では、「営業力を強化する」ために系統図で検討することにしました。このテーマは、上位方針「今期営業成績の 20% アップ」に基づき、制約条件としては、「現状の人員で対応、養成費は○円まで」と設定しました。

　一次方策として 4 つの方向性をまず設定しました。「強みを活かす」、「弱みを克服する」、「機会を活かす」、「脅威を克服する」とし、SWOT 分析 (手法 36 で解説) の結果から二次方策を 8 項目抽出しました。

　さらに、この 8 項目ごとに 2 つの具体的手段を検討して、16 の具体的手段を展開しています。

　具体的な一例としては、一次手段「強みを活かす」から二次手段「技術を活かす」と「メンテ体制を活用する」に展開し、4 つの具体的手段「技術ノウハウの蓄積」、「新人への伝達研修」、「問合せ対応の時間短縮」、「メンテナンス要員の確保」を出すにいたっています。

●系統図法の活用例

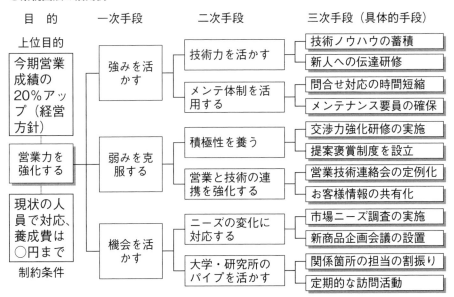

手法 25 マトリックス図法(新 QC 七つ道具)

(1) 概　　要

　マトリックス図法とは、行に１つの要素をとり、列に他の要素をとって二元表を作成し、この行と列の交点に着目して、着想を得る手法です。マトリックス図法は、問題に直面したとき、多面的に考えることにより問題点を明確にする場面で活用できます。

●マトリックス図法とは

	表計算	グラフ機能	図形機能	ピボット	関数機能	分析ツール	ソルバー
グラフ		○					
チェックシート	○			○			
パレート図		○					
特性要因図			○				
ヒストグラム	○				○	○	
散布図	○	○			○	○	
管理図	○	○			○		
親和図			○				
連関図			○			○	
系統図			○				
マトリックス図			○				
アローダイアグラム	○		○				
ＰＤＰＣ			○				
マトリックス・データ解析	○	○					○

(2) 適　　用

　構成する要素数によって、Ｌ型マトリックス図を基本に要素数が３つの場合のＴ型マトリックス図、要素数が４つの場合の X 型マトリックス図があり、目的に合わせて選択します。

(3)　解　　析

マトリックス図法による解析手順は、次のステップのとおりです。

Step1.　目的を設定する

まず知りたい目的を決めて、関連する情報を集めます。

Step2.　行と列を設定する

その目的に従って、集約する事象を 2 つ設定し、マトリックス図を作成します。事象の項目数によって、L 型マトリックス図や T 型マトリックス図、X 型マトリックス図を使い分けます。

Step3.　情報を記号化する

次に、マトリックス図の行と列の交点に関連する情報を取り出して記号化します。

Step4.　行と列を成長させる

関連性などを検討している途中で、必要があれば行や列の項目を増やして、マトリックス図を成長させていきます。

●マトリックス図法の解析

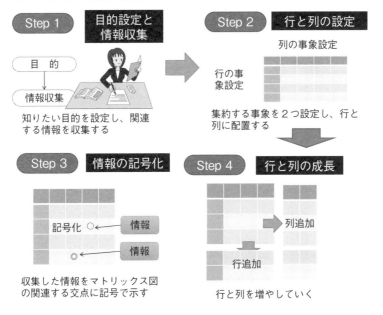

Step 1　目的設定と情報収集

目　的
情報収集

知りたい目的を設定し、関連する情報を収集する

Step 2　行と列の設定

列の事象設定
行の事象設定

集約する事象を 2 つ設定し、行と列に配置する

Step 3　情報の記号化

記号化　○←情報
◎←情報

収集した情報をマトリックス図の関連する交点に記号で示す

Step 4　行と列の成長

列追加
行追加

行と列を増やしていく

完成したマトリックス図を検討し、記号の分布状態や行と列の計算された点数によって答えを引き出します。

（4）　活用のポイント

最適な素材を見つけるため、マトリックス図で検討することにしました。

●マトリックス図法の活用ポイント

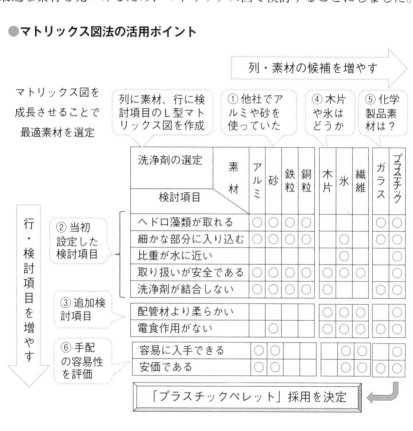

(5)　活用事例

　総務課では、「改善活動のねらいに合った手法の活用」を目的に設定し、関連する情報「社内で実践している事例」を調査しました。調査対象は、昨年 1 年間の社内での問題解決事例です。調査した結果は、1 事例ごとにカードにねらいと活用手法を記入していきました。

　次に、マトリックス図の行に「ねらい」、列に「活用手法」を設定しました。図の調査した事例カードごとに関連する交点に「○」をつけ、よく使われている手法に「◎」を記入しました。マトリックス図を書いた結果、○印の交点に着目すると、QC 七つ道具は、パレート図、特性要因図、グラフなどがよく使われ、新 QC 七つ道具は、連関図、系統図、マトリックス図がいろいろな活動で使われていることがわかりました。

●**過去の事例から活用手法のガイドをマトリックス図で検討**

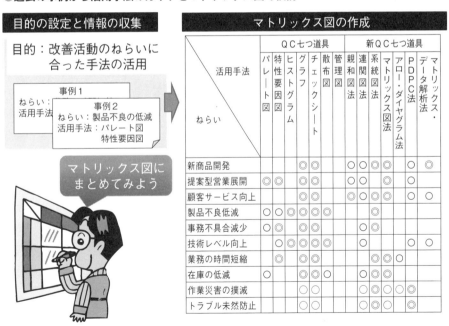

目的の設定と情報の収集

目的：改善活動のねらいに合った手法の活用

事例1
ねらい：
活用手法

事例2
ねらい：製品不良の低減
活用手法：パレート図
　　　　　特性要因図

マトリックス図にまとめてみよう

マトリックス図の作成

活用手法＼ねらい	QC七つ道具							新QC七つ道具						
	パレート図	特性要因図	ヒストグラム	グラフ	チェックシート	散布図	管理図	親和図法	連関図法	系統図法	マトリックス図法	アロー・ダイヤグラム法	PDPC法	マトリックス・データ解析法
新商品開発				◎	◎			○	○	○			○	◎
提案型営業展開	○	◎							○	○	○		○	
顧客サービス向上									○	○	◎			○
製品不良低減	○	○	◎	◎	◎				○		○			
事務不具合減少	○	◎		◎					○	○				
技術レベル向上		◎		◎		○				○			○	○
業務の時間短縮		◎		○						◎	◎	○		
在庫の低減	○			◎	◎	○								
作業災害の撲滅				○					○	○	○		◎	
トラブル未然防止				○					○	○	◎		◎	

手法26 アローダイアグラム法（新 QC 七つ道具）

(1)　概　要

　アローダイアグラム法とは、作業を進める順に矢線で記入し、作業と作業を結合点（マル：○）で結ぶことで、作業の流れを表す手法です。

　各作業ごとに所要日数（または、時間）を記入し、最早結合点日程と最遅結合点日程を計算することによって、時間に余裕のないクリティカル・パスを明確にし、効率よく工程管理が可能になります。さらに、このアローダイアグラムから、工程短縮の検討をすることができます。

●アローダイアグラム法とは

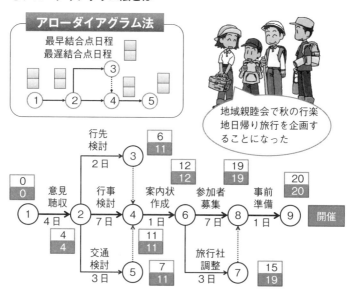

(2)　適　用

　適切な日程計画を立て、効率よく進捗を管理することができます。また、日程を計算することで日程の短縮が検討できます。

(3)　解　析

アローダイアグラムの解析手順は、次のステップのとおりです。

Step1.　目的を設定し、工程を把握する

作成する工程の範囲を決め、作業名と所要日数(または時間)を調べます。

Step2.　作業の流れを記入する

矢線と結合点で作業をつないでいきます。このとき、作業の条件を考慮して直列や並列でつないでいきます。

Step3.　日程を計算する

作業の流れが書けたら、最早結合点日程と最遅結合点日程を計算し、余裕のない工程をクリティカル・パスとして表示します。

Step4.　工程管理や工程短縮を検討する

日程を計算することによって、工程の管理や工程短縮の検討ができます。

また、一度書いたアローダイアグラムは、作業の順や所要日数(または時間)が変わった場合、書き直しておくと次へつなげることができます。

●アローダイアグラム法の解析

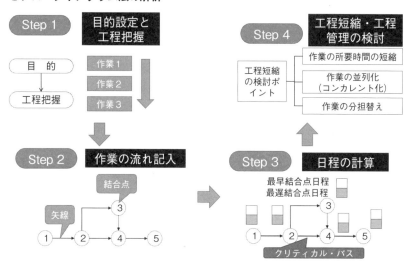

（4）　活用のポイント

1）　最早結合点日程

最早結合点日程とは、その結合点から始まる作業が開始できるもっとも早い日程で、着手可能目ともいえます（下図の上段の日程）。結合点①の０日よりスタートし、順次、所要日数（時間）を加算していきます。

注意すべき点は、２つ以上の矢線が入り込む結合点④です。計算上③→④の３日と②→④の４日がありますが、最大値をとって４日とします。

2）　最遅結合点日程

最遅結合点日程とは、その結合点で終わる作業が遅くとも終了していなければならない日程で、完了義務日程ともいえます（下図の下段の日程）。結合点⑤の５日よりスタートし、順次、所要日数（時間）を減算していきます。

注意すべき点は、２つ以上の矢線が出ている結合点②です。計算上③→②の２日と④→②の１日がありますが、最小値をとって１日とします。

●アローダイアグラム法の日程計算

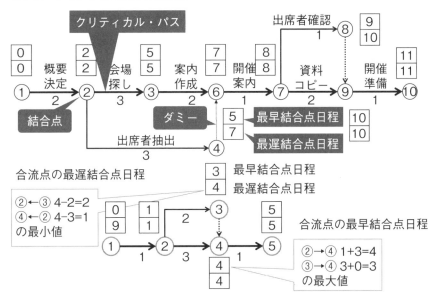

（5）　活用事例

　清掃のためのライン停止がたびたび発生していました。調べてみると、ライン停止は 1 日平均 2 回発生しており、清掃にも時間がかかるため生産性の低下につながっていました。

　そこで、製造課では、工程上のどこで問題があるのか、アローダイアグラムを書いて、検討することにしました。

　対象となる工程の作業の流れを調査し、前工程から原料を投入し、原料粉砕、水蒸気分解、ガラス粉加工、製品搬出し、後工程へ受け渡す流れをアローダイアグラムに表しました。

　このアローダイアグラムの各作業場でどんな問題があるのか、関係者が現場に行き、現物を見て、現実を観察していきました。ちなみに、この現場、現物、現実をよく知ることは「三現主義」と呼ばれ、品質管理の重要な考え方の 1 つとして、現場の問題解決に取り入れられていいます。

●アローダイアグラム法の活用例

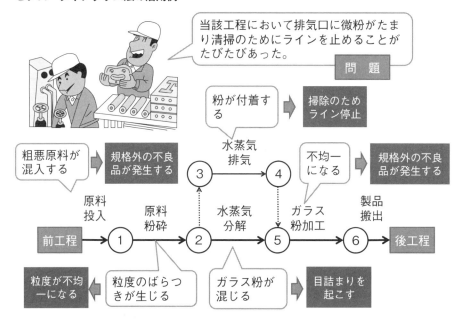

PDPC法(新QC七つ道具)

(1) 概　要

　PDPC(Process Decision Program Chart)法とは、過程決定計画図といい、事前に考えられるさまざまな事態を予測し、不測の事態を回避し、プロセスの進行をできるだけ望しい方向に導くための手法です。

●PDPC法とは

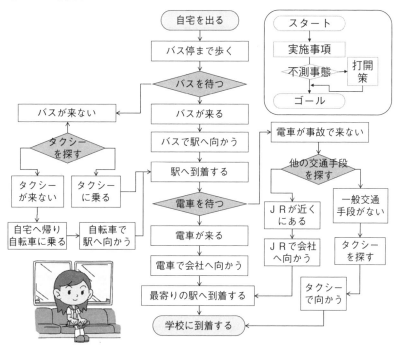

(2) 適　用

　PDPC法には、2つのタイプがあります。目的を果たすための強制連結型と最悪事態回避型があり、目的に合わせて活用します。

(3)　解　　析

PDPC 法の解析手順は、次のステップのとおりです。

Step1.　目的を設定する

最悪の事態を想定します。

Step2.　楽観ゴール的ルートを作成する

まずは、気楽にスタートからゴールまで書きます。そして、いろいろな人たちの意見から修正を加えていきます。これを楽観的ルートといいます。

Step3.　不測事態を想定し打開策を検討する

楽観的ルートの中で、不測の事態が想定される箇所を「デシジョンポイント」と呼び、その打開策を検討します。

Step4.　PDPC に沿って実行し、その結果で PDPC を修正する

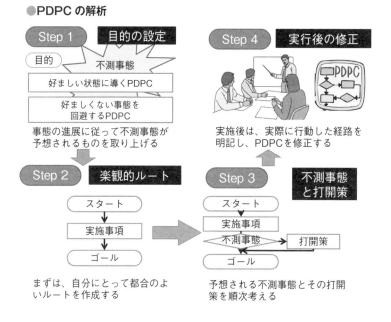

●PDPC の解析

Step 1　目的の設定

目的　　不測事態
好ましい状態に導くPDPC
好ましくない事態を
回避するPDPC
事態の進展に従って不測事態が
予想されるものを取り上げる

Step 4　実行後の修正

実施後は、実際に行動した経路を
明記し、PDPCを修正する

Step 2　楽観的ルート

スタート
↓
実施事項
↓
ゴール

まずは、自分にとって都合のよ
いルートを作成する

Step 3　不測事態
と打開策

スタート
↓
実施事項
不測事態 → 打開策
ゴール

予想される不測事態とその打開
策を順次考える

（4）　活用のポイント

　最悪の事態の回避、「会社の携帯電話を電車の中に置き忘れた」という事態を検討する場合でポイントを解説します。

　起こり得る事象に「拾った人が警察に届ける」というケースが考えられます。このケースでは、携帯電話が無事手元に戻って事なきを得ます。しかし、「見つけた人が持ち去る」ケースを考えてみると、最悪の事態では、携帯電話に登録されているお客様データが悪用されることが考えられます。

　お客様データの悪用については、登録されている電話番号を使って詐欺などに使用されることが予想されます。この事態への対応としては、できるだけ早く登録されているお客様に、携帯電話紛失とお詫びの連絡を行いますが、中には連絡漏れも発生することが予想されます。

　まず初期の状態（紛失）が起こらないようにするためには、携帯電話を自分の体とつなげるよう、首から下げるストラップを付けることが予防策であることが、全員の一致した意見でした。

●最悪事態回避型 PDPC

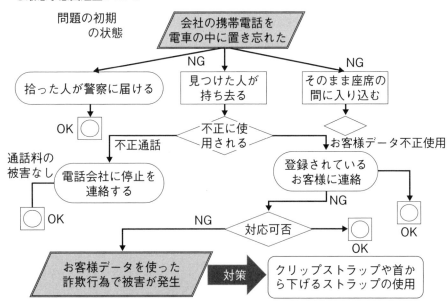

（5）　活用事例

　営業課では、契約成立に向けての行動を洗い出すため、強制連結型の PDPC を書きました。まず、楽観的なルートを作成したところ、「A 社に当社のシステムを提案する→キーマンにアポイントを取るために電話する→アポイントが取れる→キーマンに会ってシステムについて説明する→当社システムを購入する意思あり→技術者と同行してシステム導入の打合せを行う→納期や価格に折合いがつく→ A 社が当社システム採用を受け入れる」となりました。

　そして、デシジョンポイントと不測事態を検討し、打開策を考えました。例えば、「アポイントが取れなければキーマンの友人に頼む」、それでもアポイントが取れなければ、「アポイントなしで訪問する」を実行するなど、楽観的ルートへ戻せるよう努力することとしました。

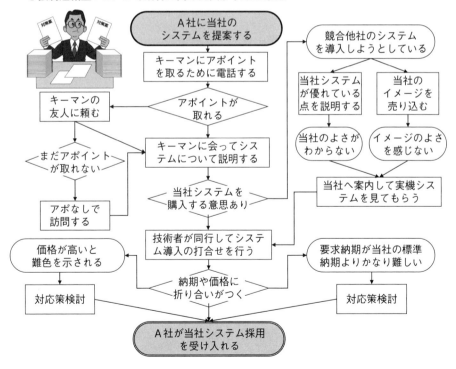

●強制連結型 PDPC で成約に向けた交渉手順を策定

手法 28 マトリックス・データ解析法 （新QC七つ道具）

(1) 概　要

　マトリックス・データ解析法とは、多くの変量の値をできる限り情報の損失を少なくし、2～3次元に縮小して見やすくする手法です。この解析は、多数の変数の中で相関係数が大きい変数をまとめて1変数に集約することを基本にしています。

●マトリックス・データ解析法とは

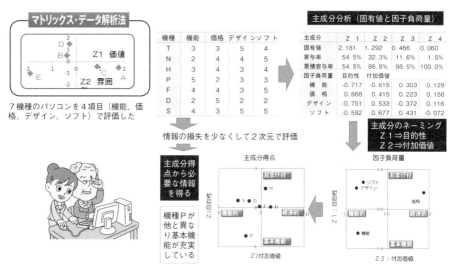

(2) 適　用

　新QC七つ道具の中で、唯一数値データを使い、複雑な計算を伴う手法であり、数式展開を理解するうえでやや難解といえます。ただし、現在ではExcelなど簡単に手に入るパソコンのソフトに計算を任せ、手法の考え方をよく理解することが肝要です。AIやビッグデータの分析など、これからのお客様データの解析手法として期待がもてるものです。

(3)　解　　析

マトリックス・データ解析法の解析手順は、次のステップのとおりです。

Step1.　目的を決める

評価を行いたいものごとについて、多すぎる評価項目を集約することで、少数の項目で評価することができます。そのために、まずは何を、何のために評価するかという目的を決めます。

Step2.　データを収集する

目的に応じて、必要な評価項目を設定し、サンプルデータを収集します。データは数値データで測定しますが、イメージ評価などは SD 法（手法 29 で解説）を活用して、数値化データを収集する方法もあります。

Step3.　解析を行う

本書では、Excel の表計算機能を使って解析を行います。まず、固有ベクトルと主成分得点を計算します。得られた結果から、固有値と寄与率、累積寄与率を計算し、因子負荷量を求め、2 ～ 3 つの主成分を選定します。

●マトリックス・データ解析法の解析

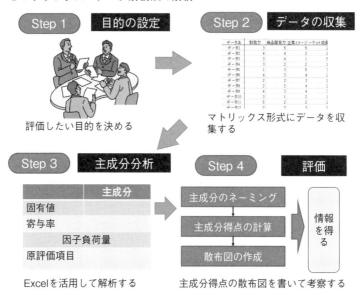

Step4.　結果を評価する

　主成分得点の散布図を書きます。散布図や結果のデータからわかることを書き出して、最初に設定した目的に見合う情報をまとめます。

（4）　活用のポイント

　マトリックス・データ解析に登場する用語を下記で概説します。

① 　主成分：設定された新しい評価尺度のことです。

② 　第1主成分：新しい評価尺度の中でもっとも多くの情報が得られる項目のことです。

③ 　第2主成分：第1主成分に次いで情報が得られる項目のことです。以下、順に第3、第4主成分と呼びます。

④ 　固有値：新しい評価尺度が、元の評価尺度をどの程度包含しているか表す値です。例えば固有値 = 2.31 なら、「元の評価項目のうち 2.31 項目を取りこんだ内容になっている」といえます。

⑤ 　寄与率：全体の情報のうち、新しい評価尺度がどれくらいの情報量を占めるかの割合を示します。固有値を評価項目数で割ったものです。

⑥ 　取り上げる主成分：元の評価項目と同数の主成分が算出されるため、その中から上位 1 ～ 3 個の主成分を取り上げることになります。取り上げる主成分は、固有値 >1、累積寄与率 70% 以上を目安にします。

⑦ 　累積寄与率：第1主成分からの寄与率の累積を示したものです。

⑧ 　固有ベクトル：各主成分ごとの評価尺度の重みを表します。

⑨ 　因子負荷量：各主成分が元の評価項目とどのような相関関係にあるかを表す値で、固有ベクトルと同様に、各主成分の意味付けに用います。固有ベクトルに各主成分の固有値の平方根を乗じた数値となります。

⑩ 　主成分のネーミング：取り上げた主成分ごとに、固有ベクトルや因子負荷量の値や符号から、主成分の項目に名前を付けることです。

⑪ 　主成分得点：新しい評価尺度で変換されたサンプルごとの得点です。

（5）　活用事例

　新商品開発会議で、「ソフトドリンク市場の実態」を分析した 1 枚の資料が配られました。その資料は、現在の売れ筋 7 種類のソフトドリンクについて、アンケート評価からマトリックス・データ解析を行ったものです。

　この資料から、「甘味があって後味もさっぱりした領域のソフトドリンクを開発すれば、新たな市場を獲得できるのでは」という提案があり、出席者一同、関心を寄せました。

●マトリックス・データ解析法の活用例

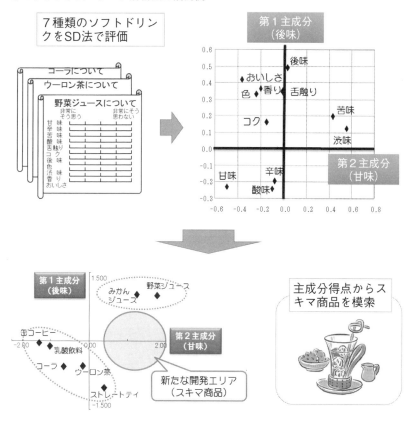

アンケート（ニーズ分析）

（1）概　　要

　まずアンケートを実施する目的を明確にします。そして、目的に合わせて、結果系指標と要因系指標の仮説を立てます。ここで立てた仮説をもとにアンケートの質問を考え、アンケート用紙を作成します。

（2）適　　用

　解析にはいろいろな方法がありますが、各解析の特徴を生かして、必要とする情報を得ることが重要になってきます。データをグラフ化、図化したり、クロス集計（手法31で解説）することから全体像や傾向をつかむことができます。

●アンケートの実施手順と解析方法

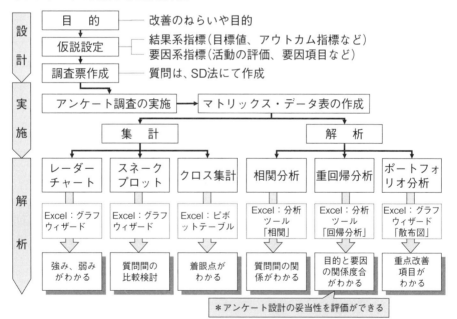

相関分析から質問間の関係を見たり、重回帰分析（手法33で解説）から結果系指標の予測を行うことができます。また、ポートフォリオ分析（手法34で解説）から重点改善項目を抽出することができます。

(3)　設　　計

　目的を「お客様満足度と企業活動の関係を明らかにして、お客様満足度を高める企業活動を検討する」として、アンケートを設計しました。

　仮説には、結果系指標として「お客様満足度」とし、要因系指標として「お客様満足度に影響すると思われる企業活動」としました。ここでは、「電話対応」、「クレーム対応」などの印象に関する評価や、「商品のよさ」、「アフターサービス」などの商品に関する評価など、9項目です。それぞれの項目間に関連性を矢印で原因と結果をつないだ仮説構造図（連関図など）を書き、その結果からアンケート用紙を作成します。

●仮説の設定とアンケート用紙の作成

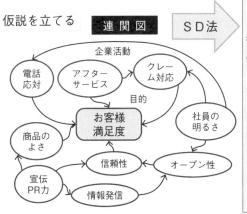

（4）　活用のポイント

・アンケートの調査方法とサンプル数

　結果系指標と要因系指標との関係を解析する重回帰分析やポートフォリオ分析などを行う場合のサンプル数は、［サンプル数＝質問数×3倍］、300〜100程度が必要となります。サンプル数が質問数より少なくなると重回帰分析はできなくなるので注意を要します。

　調査方法にも「郵送返却」、「個別訪問」、「インターネット」、「配布回収」などいろいろあり、それぞれに回収率が異なります。そのため、実際に行われるサンプル数は、調査方法によって予想される回収率を考慮したサンプル数を、「実施サンプル数＝必要サンプル数／予想回収率」で決定します。

　目的別のサンプル数、調査方法などを表〈アンケートの調査方法とサンプル数〉に示します。

●アンケートの調査方法とサンプル数

目　的	調査対象者	サンプル数	調査時期	調査方法
企業イメージを評価	・社外 ・社内	・社内では全数、またはサンプル ・社外では30〜100程度	・社内と社外調査を行う場合は、できるだけ同時期実施	・社内は調査票またはイントラネット ・社外は郵送
お客様満足度を評価	・商品やサービスを使用している人	・30〜100サンプル程度 ・ただし、質問数が多くなると質問数の3倍程度のサンプル	・商品やサービス使用後2〜3か月後	・郵送 ・インターネット ・面談ヒアリング
ISOお客様満足を評価	・取引先 ・お客様	・取引先なら全数 ・不特定多数のお客様なら30〜100サンプル程度	・年度末あるいは内部監査、デビューの1か月前	・郵送
改善活動を評価	・活動を行っている社員	・質問数の3倍程度	・期末、年度末など一定時期	・調査票
研修有益性を評価	・研修受講者	・受講者全数	・研修終了時	・調査票

(5)　解　析

　アンケートの結果を解析するにはいくつかの方法があります。

　グラフにより、全体の姿をつかむことができます。レーダーチャートから強み・弱みがわかります。結果のグラフ化から質問間のばらつきがわかります。

　クロス集計を行い、マトリックス図から着眼点を見ることができます。

　相関係数を計算することによって、質問間の関係度合いを見ることができます。この結果を仮説の連関図に落とし込むことによって、結果と要因間の関係性を見える化(構造分析)することができます。

　また、標準化されたデータで重回帰分析を行い、得られた標準偏回帰係数と質問ごとの平均値からポートフォリオ分析を行い、重要改善項目を抽出することができます。

●アンケート解析法と概要

解析の種類	方　　法	解析の結果からわかること
結果のグラフ化	レーダーチャート スネークプロット	・レーダーチャートから弱点質問項目を見つけることがでる。 ・平均値と標準偏差をグラフに表すと、質問間の比較とばらつきがわかる。
クロス集計	クロス集計	・得られたデータをマトリックスに表すことにより、事象の大小を合計値で定量化し着眼点を明らかにできる。
構造分析	相関係数 無相関の検定	・質問間の相関係数から、質問間の関係(相関)がわかる。 ・無相関の検定を行うと相関の有無が判定できる。
重回帰分析	重回帰分析	・結果系指標と要因系指標から重回帰分析を行うことによって、アンケートの設計の精度を評価できる。
ポートフォリオ分析	重回帰分析 (標準偏回帰係数) 散布図	・横軸に標準偏回帰係数、縦軸に SD 値(平均値)を取った散布図を描くことによって重点改善項目を抽出することができる。

結果のグラフ化（ニーズ分析）

(1)　概　　要

　アンケート結果を見やすくする手法に、レーダーチャートやスネークプロットがあります。レーダーチャートから強みと弱みががわかります。スネークプロットから平均値とばらつきがわかります。

(2)　適　　用

　簡単であるため、幅広く使われる手法です。まずはグラフを書いてみてください。

(3)　解　　析

1)　レーダーチャート

　まず、各質問項目のSD値（平均値）と標準偏差を計算します。結果からSD値（平均値）をレーダーチャートに表すと、質問ごとの評価点がわかります。

2)　スネークプロット

　質問ごとの平均値と標準偏差を複合グラフに表します。ここでは、平均値を棒グラフ、標準偏差を折れ線グラフで表した複合グラフを作成しました。これがスネークプロットです。

　この図から、SD値の高い順に並べると、「商品のよさ3.92」、「信頼性3.61」、「オープン性3.44」となります。またSD値の低い順に並べると、「クレーム対応2.92」、「お客様満足度2.97」、「アフターサービス3.11」、「電話応対3.11」であることがわかります。

　標準偏差が大きい項目は「宣伝PR力1.13」、「商品のよさ1.00」、「情報発信0.97」であり、これらの評価は他の評価に比べると回答者によってばらつきが大きいものと思われます。

(4)　活用事例

●レーダーチャートとスネークプロット

ID	勝利会社	改善意欲	信頼性	コミュニケーション	風通し	優しさ	安心労働	お客様本位	競争力	宣伝PR力	性別
A01	3	3	3	3	3	4		3	2	4	男性
A02	3	4	4	3		4		3	4	2	女性
A03	2	3	3	2				3	2		女性
A04	4		3	3						1	男性
A05	3			2	2	4	3				女性
A06	4			4	3	3	5				男性
A07	4	3	4	3	2	4	4	3	1	1	女性
A08	3	4	3	3	3	4	4	3	4	2	女性
A09	3			2	3	4	3	3	2	4	女性
A10				3	2	2	2	2	4	4	女性
A11	4	4	3	3	3	4	4	2	2	2	女性
A12	1	2	3	3	3	3	3	2	2	2	男性
A13	3	3	4	3	3	3	4	3	1	4	女性
A14	2	3	3	3	3	3	4	2	3	2	女性
A15	3	3	4					3	1	4	男性
A16	3	3	3					4	2	3	男性
A17	4	3	3	4		2		2	2	2	男性
A18	3	4	3	3	4	3	3	2	3	1	男性
A19	3	3	3	4	4	3	4	3	2	4	男性
A20	4	3	3	3	3	3	5	4	2	4	男性
A21	3	3	3	4	4	3	4	3	2	4	男性
A22	3	3	3	2	2	3	4	3	1	2	女性
A23	3	3	4	2	2	3	4	3	2	2	男性
A24	2	2	3	3	2	2	4	2	1	4	男性
A25	3	3	3	3	3	2	4	3	2	2	男性
A26	3	3	3	3	2	4	4	3	2	2	男性
A27	2	2	3	3	2	2	2	2	4	4	女性
A28	4	4	3	3	1	2	4	2	2	2	女性
A29	2	3	3	3	3	2	2	2	1	4	女性
A30	2	4	3	3	3	3	4	3	2	2	男性

(表中の吹き出し: 要因系指標 / 層別項目 / 結果系指標 / ID番号 / 評 価 点)

平均値と標準偏差の計算

項　目	平均値	標準偏差
お客様満足度	2.97	0.81
電話応対	3.11	0.75
信頼性	3.61	0.49
クレーム対応	2.92	0.60
オープン性	3.44	0.77
アフターサービス	3.11	0.71
社員の明るさ	3.03	0.70
商品の良さ	3.92	1.00
情報発信	3.42	0.97
宣伝PR力	3.36	1.13

レーダーチャート　平均値

スネークプロット　平均値と標準偏差

- レーダーチャートから、信頼性、商品のよさ、オープン性の評価が高いことがいえる。
- スネークプロットから、商品のよさは平均値が高く、標準偏差が大きいことから、よい評価をしている人とそうでない人のばらつきがあることがわかる。

手法 31　クロス集計(ニーズ分析)

(1) 概　要

　クロス集計とは、マトリックス・データ表から項目ごとにカウントし、一覧表にまとめたものです。このクロス集計から、項目間の比較や問題や課題の着眼点を得ることができます。

(2) 適　用

　多くあるデータを整理したいときに使われます。

　アンケートの結果を見やすくして情報を取りたいときに活用できます。

(3) 解　析

　クロス集計は、Excel の「ピボットテーブル」機能を活用すると簡単に実施できます。実施手順は、以下のとおりです。

手順1．データ表を作成する

手順2．Excel「ピボットテーブル」タブをクリックする

手順3．「ピボットテーブルの作成」の「◎テーブルまた範囲を選択(S)」に手順1で作成したデータを項目ごと指定する

手順4．現れた「ピボットテーブルフィールド」で列と行の指定を行う

　具体的には、右ページの例で解説します。

　まず、「Σ値」、「列ラベル」、「行ラベル」に項目をドラッグして選択します。ここでは、それぞれ「ID」「お客様満足度」「業種」とします。

手順5．クロス集計表が完成する

　このクロス集計表からは、「このデータ表で、業種別にお客様満足度を比較すると、製造業のほうがサービス業・その他より得点が高い」ことがわかります。

（4）　活用事例

●Excel のピボットテーブル機能によるクロス集計

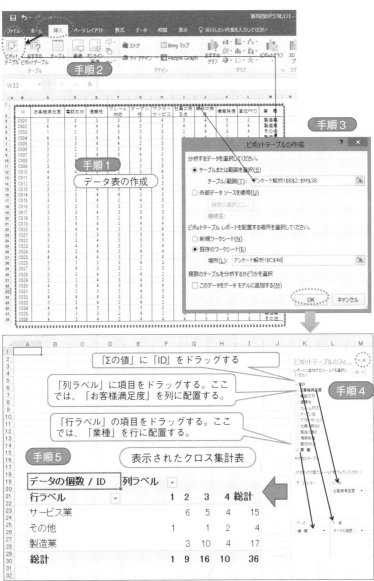

手法 32 構造分析(ニーズ分析)

(1) 概　　要

　アンケートを実施する際は、まず仮説を立て、図示します。これを仮説構造図といい、一般的には連関図を書きます。この仮説構造図の項目をアンケートの質問項目にして、質問間の相関係数から仮説構造図解析を行います。

(2) 適　　用

　仮説構造分析から質問間のつながりがわかり、連関図の矢線間の強さの検証が必要なときに活用できます。なお、矢線の向きは別の視点から検討してください。

(3) 解　　析

　相関係数は、Excel の「分析ツール」機能で、計算できます。仮の連関図はあらかじめ書いておきます。

手順1. Excel タブ「データ」の「データ分析」をクリックする

手順2.「分析ツール」の「相関」を指定、「OK」をクリックする

手順3.「相関」画面の「データ入力(I)」にデータを入力する

　このとき、「データ方向」に「◎列(C)」を指定します。また、「□先頭行をラベルとして使用(L)」にチェックマークを入力します。

手順4.「OK」をクリックする

　これで、「相関係数行列」が表示されます。この相関係数行列によって、連関図に矢線を書き、仮説構造図とします。相関係数が 0.200 以上の項目間に矢線を記入し、特に相関係数が 0.500 以上の項目間の矢線を太く引きます。

　次ページの事例では、仮説構造図から、「お客様満足度」に影響が強い企業活動として「電話応対」と「社員の明るさ」が重要なポイントになることがわかりました。また、「信頼性」、「アフターサービス」、「宣伝 PR 力」、「商品の

よさ」が影響することもわかりました。

(4) 活用事例

●相関係数による構造分析

	お客様満足度	電話応対	信頼性	クレーム対応	オープン性	アフターサービス	社員の明るさ	商品のよさ	情報発信	宣伝PR力
お客様満足度	1									
電話応対	0.619	1								
信頼性	0.329	0.120	1							
クレーム対応	0.170	0.084	0.271	1						
オープン性	0.020	-0.385	0.017	-0.347	1					
アフターサービス	0.304	0.300	0.045	-0.111	-0.302	1				
社員の明るさ	0.761	0.653	0.198	0.278	-0.183	0.283	1			
商品のよさ	0.280	-0.141	-0.126	-0.249	0.235	0.135	0.168	1		
情報発信	0.161	0.171	0.110	0.159	-0.255	0.473	0.194	0.215	1	
宣伝PR力	0.419	0.461	0.054	0.088	0.007	0.163	0.570	0.028	0.225	1

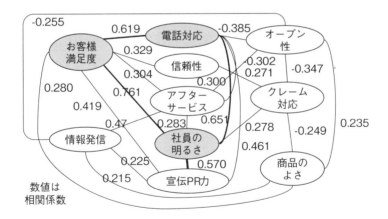

重回帰分析（多変量解析）

（1）概　要

　重回帰分析とは、複数の要因から1つの結果を推測する方法です。例えば、「コンビニ売上高」に対して、要因（面積、接客態度、立地条件、明るさ）との関係度合を偏回帰係数などで調べていく方法です。

●コンビニ評価と売上高のデータ表

売上高	面積	接客態度	立地条件	明るさ
636	240	4.49	4.34	3.95
453	221	4.14	3.47	3.76
691	249	4.82	4.38	2.87
554	210	4.19	3.88	4.58
438	189	3.83	3.42	3.34
528	202	3.73	3.97	4.57
393	178	3.47	3.35	4.35
513	258	3.66	3.75	3.86
583	191	4.08	4.12	3.69
377	207	3.27	3.36	3.80

（売上金額）$=\hat{\beta}_0+\hat{\beta}_1\times$（面積）$+\hat{\beta}_2\times$（接客態度）$+\hat{\beta}_3\times$（立地条件）$+\hat{\beta}_4\times$（明るさ）

（2）適　用

　要因から結果を予測するときに使える手法です。結果系質問項目1つに対する複数の要因系質問の関係性という一次式の形になりまます。

（3）解　析

1）Excelによる重回帰分析

　重回帰分析は、Excelの「回帰分析」機能で求めます。その結果からわかることは、次のとおりです。

　「重相関R」＝0.99は、「売上高」と「面積」から「明るさ」までの要因群との相関係数です。この重相関係数の2乗が寄与率（「重決定R2」＝0.99）となる、つまり目的である「売上高」を「面積」、「接客態度」、「立地条件」、「明る

さ」の4項目で99％説明できることになります。ただし、重回帰分析の場合、要因間に重複する要素があるため、次の自由度調整済寄与率（「補正R2」＝0.98）を使います。ここでは補正R2 ＝ 98％となります。

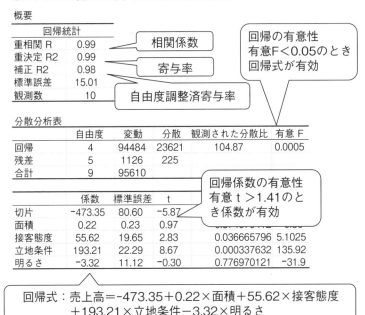

●コンビニの売上に対する重回帰分析の結果

概要

回帰統計	
重相関 R	0.99
重決定 R2	0.99
補正 R2	0.98
標準誤差	15.01
観測数	10

相関係数

寄与率

自由度調整済寄与率

回帰の有意性
有意F＜0.05のとき
回帰式が有効

分散分析表

	自由度	変動	分散	観測された分散比	有意 F
回帰	4	94484	23621	104.87	0.0005
残差	5	1126	225		
合計	9	95610			

回帰係数の有意性
有意 t＞1.41のと
き係数が有効

	係数	標準誤差	t		
切片	-473.35	80.60	-5.87		
面積	0.22	0.23	0.97		
接客態度	55.62	19.65	2.83	0.036665796	5.1025
立地条件	193.21	22.29	8.67	0.000337632	135.92
明るさ	-3.32	11.12	-0.30	0.776970121	-31.9

回帰式：売上高＝-473.35＋0.22×面積＋55.62×接客態度
＋193.21×立地条件-3.32×明るさ

次に、分散分析表の「有意F」の値から、求めた重回帰式は意味があるものかどうかを評価します。ここでは、「有意F」＝ 0.0005 ＜ 0.05（有意水準5％の場合）であり、求めた重回帰式は成り立ちます。

「係数」の欄の数字から、重回帰式を書き出したのが次の式です。

回帰式：（売上高）＝ - 473.35 ＋ 0.22 ×（面積）＋ 55.62 ×（接客態度）＋ 193.21 ×（立地条件）- 3.32 ×（明るさ）

（4）　活用のポイント

　この式から4つの要因に対しての売上高を予測することもできますが、「t値」が小さいと式がぼやけてしまうので、係数の「t値」が1.41より小さい要因を外してもう一度、重回帰分析を行ったほうが精度がよくなります。これは「変数選択」といい、精度の悪い要因を外して、解析の精度を上げる方法です。

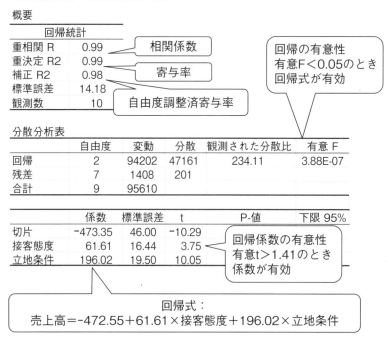

●変数選択後の重回帰分析の結果

概要

回帰統計	
重相関 R	0.99
重決定 R2	0.99
補正 R2	0.98
標準誤差	14.18
観測数	10

相関係数

寄与率

自由度調整済寄与率

回帰の有意性
有意F<0.05のとき
回帰式が有効

分散分析表

	自由度	変動	分散	観測された分散比	有意 F
回帰	2	94202	47161	234.11	3.88E-07
残差	7	1408	201		
合計	9	95610			

	係数	標準誤差	t	P-値	下限 95%
切片	-473.35	46.00	-10.29		
接客態度	61.61	16.44	3.75		
立地条件	196.02	19.50	10.05		

回帰係数の有意性
有意t>1.41のとき
係数が有効

回帰式：
売上高＝-472.55＋61.61×接客態度＋196.02×立地条件

（5）　活用事例

●Excelによるアンケート結果の重回帰分析

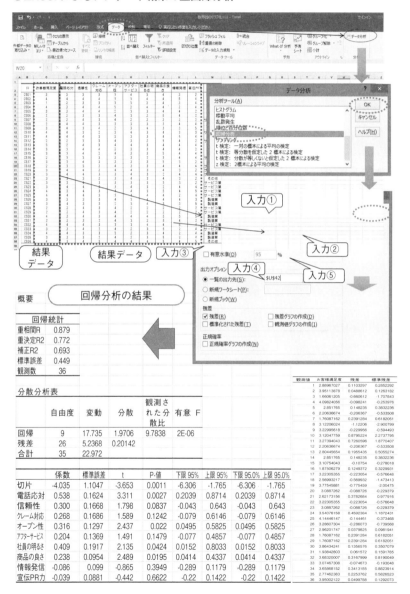

概要　　回帰分析の結果

回帰統計

重相関R	0.879
重決定R2	0.772
補正R2	0.693
標準誤差	0.449
観測数	36

分散分析表

	自由度	変動	分散	観測された分散比	有意 F
回帰	9	17.735	1.9706	9.7838	2E-06
残差	26	5.2368	0.20142		
合計	35	22.972			

	係数	標準誤差	t	P-値	下限 95%	上限 95%	下限 95.0%	上限 95.0%
切片	-4.035	1.1047	-3.653	0.0011	-6.306	-1.765	-6.306	-1.765
電話応対	0.538	0.1624	3.311	0.0027	0.2039	0.8714	0.2039	0.8714
信頼性	0.300	0.1668	1.798	0.0837	-0.043	0.643	-0.043	0.643
クレーム対応	0.268	0.1686	1.589	0.1242	-0.079	0.6146	-0.079	0.6146
オープン性	0.316	0.1297	2.437	0.022	0.0495	0.5825	0.0495	0.5825
アフターサービス	0.204	0.1369	1.491	0.1479	-0.077	0.4857	-0.077	0.4857
社員の明るさ	0.409	0.1917	2.135	0.0424	0.0152	0.8033	0.0152	0.8033
商品の良さ	0.238	0.0954	2.489	0.0195	0.0414	0.4337	0.0414	0.4337
情報発信	-0.086	0.099	-0.865	0.3949	-0.289	0.1179	-0.289	0.1179
宣伝PR力	-0.039	0.0881	-0.442	0.6622	-0.22	0.1422	-0.22	0.1422

手法 34　ポートフォリオ分析（ニーズ分析）

（1）　概　要

　ポートフォリオ分析は、アンケート調査から得られた各回答項目について、「要因系指標の結果系指標への影響度」と「要因系指標の平均値」を散布図に表し、4つの領域に分けることによって、各領域に位置する要因系指標を評価する方法です。

（2）　適用と解析

　アンケートの結果から、まず重回帰分析を行い、標準偏回帰係数を計算します。重回帰分析で計算した係数は偏回帰係数というもので、各指標の単位が異なることも考えられます。したがって、重回帰分析から要因系指標の結果系指標への影響度を見るには、標準化したデータ（平均0、標準偏差1）から重回帰分析を行い、求めた偏回帰係数を使います。

●ポートフォリオ分析とは

（3）　活用事例

●ポートフォリオ分析の活用例

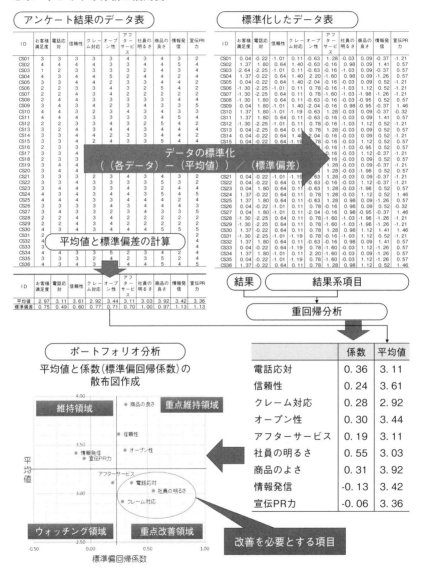

データの標準化
（（各データ）－（平均値））／（標準偏差）

平均値と標準偏差の計算

結果　　結果系項目

重回帰分析

ポートフォリオ分析

平均値と係数（標準偏回帰係数）の
散布図作成

	係数	平均値
電話応対	0.36	3.11
信頼性	0.24	3.61
クレーム対応	0.28	2.92
オープン性	0.30	3.44
アフターサービス	0.19	3.11
社員の明るさ	0.55	3.03
商品のよさ	0.31	3.92
情報発信	-0.13	3.42
宣伝PR力	-0.06	3.36

改善を必要とする項目

手法 35 クラスター分析（多変量解析）

(1) 概　要

　クラスターとは、英語で「房」、「集団」、「群れ」のことで、似たものがたくさん集まっている様子を表したものです。クラスター分析とは、異なる性質のものが混ざり合った集団から、互いに似た性質を持つものを集め、クラスターを作る方法です。対象となるサンプル（人、行）や変数（項目、列）をいくつかのグループに分け、簡単にいえば「似たものを集める手法」です。

　クラスター分析では、生活者の購買データやアンケート調査などから、生活者や商品をクラスター分けします。そのため、名前や性別といった属性情報による分類とは違った分類ができます。

(2) 適　用

　マーケティングの現場などで、顧客層の特性分析、店舗の取り扱い商品構成を分析するときに活用します。

(3) 解　析

　クラスター分析のイメージを示します。デンドログラム（樹形図）は縦軸に距離（または類似度）をとり、横軸に対象（サンプル）を等間隔に並べ、対象またはクラスターを統合時の距離の高さで結んだものです。

　したがって、高さの低いグループが早く統合したグループといえます。また、任意の距離で水平に切断すると、その時点でのいくつかのグループに分けることができます。クラスター分析を行う手順は、次のとおりです。

手順1.　個々の対象間の距離，および個々の対象とクラスターの距離、およびクラスター同士の距離を求める

手順2.　これらのうち、距離が最小となるものを統合して、新たなクラスターとする

手順3. すべてのクラスターが統合されるまで繰り返す

手順4. クラスターの統合過程を示すデンドログラムを描き、適当な距離で切断することにより、最終的にいくつかのクラスターに分ける

手順5. 各クラスターに含まれる対象を調べ、クラスターの特徴を把握する

●クラスター分析の概要

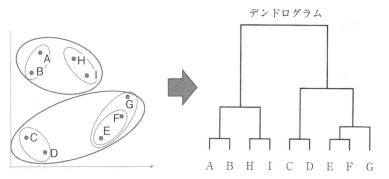

デンドログラム

(4) 活用事例

　料理メニューをクラスター分析し、最適なセット商品の設定を行います。たとえば、メニューの種類が多いケーキ店、寿司店、バーなどで使えます。

　お客様に各メニューの好き嫌いを5段階評価してもらうアンケートを取り、その結果をクラスター分析します。すると、特性の似たメニューのクラスターに分類できます。そこで、同クラスターの商品群を似たものセットで販売する、逆に各クラスターから商品を選んで幅の広いセットにする、といったメニュー設定が可能になります。

　また、雑貨であれば「一人用」、「ソファ」、「持ち運び」が同じクラスターであったり、飲食であれば「低糖質」、「ごはん」、「満腹感」が同じクラスターであったりという発見ができるかもしれません。そして、それぞれのクラスターを解釈し、新商品開発や既存商品のリニューアルに活用することが可能です。

　実際にクラスター分析を活用して、業績を上げている外食産業があります。

SWOT 分析

(1)　概　　要

　SWOT 分析とは、自社の商品やブランド力、さらには品質や価格といった内部環境と、競合や市場トレンドといった外部環境を「強み(Strength)」、「弱み(Weakness)」、「機会(Opportunity)」、「脅威(Threat)」の 4 つの要素に分類し、最適な事業戦略を検討するための方法です。

- ①　**強み(Strength)**：企業の内部環境において、目標達成に貢献すると考えられる特質。
- ②　**弱み(Weakness)**：企業の内部環境において、目標達成の障害となると考えられる特質。
- ③　**機会(Opportunity)**：外部環境において、目標達成に貢献すると考えられる特質。
- ④　**脅威(Threat)**：外部環境において、目標達成の障害となると考えられる特質。

(2)　適　　用

　環境の変化に対応するために重点的に投資すべき要素を絞り込むため、経営戦略やマーケティング計画策定の際に有効な分析手段です。

(3)　解析と活用例

　ある美容室の経営者が、自身の美容室について SWOT 分析を行いました。その結果、次のようになりました。

- ①　**強み(Strength)**
  - 手頃な価格でサービスしている
  - アフターまで手厚くサービスしている
  - 美容業に特化した豊富な専門知識と経験がある

●SWOT 分析の例

・手頃な価格でのサービス ・アフターまでの手厚いサービス ・美容業に特化した専門知識と経験 ・ネット集客の知識と経験 **強み　S**	・男性の美容意識の向上 ・景気の回復による顧客利益の増大 ・美容院数は年々増加傾向にある **機会　O**
弱み　W ・知名度やブランド力が低い ・接待などの面会による顧客維持 ・足を使った営業力	**脅威　T** ・少子化による若手美容師の減少 ・大手の地域参入もしくは多角化による隣接産業への参画

・ネット集客の知識と経験がある

② **弱み(Weakness)**

・知名度やブランド力が低い

・接待などの面会による顧客維持

・足を使った営業力

③ **機会(Opportunity)**

・男性の美容意識が向上している

・景気の回復により顧客単価が増加している

・美容室数は年々増加傾向にある　など

④ **脅威(Threat)**

・少子化により若手美容師が減少している

・大手の地域参入もしくは多角化による隣接産業への参画　など

ギャップ表

(1) 概　要

　ギャップ表とは、ありたい姿を想定し、その実現に向けて具体的にどうすればいいのかの具体的課題を抽出することができます。

(2) 適　用

　自身の現状と課題について考え、こうありたいという「要望レベル」を具体化するときに活用します。

(3) 作成手順

手順 1．目標値の設定

　テーマに対する要望レベルと現状レベルを書き、そのギャップを抽出します。

●ギャップ表の作成手順

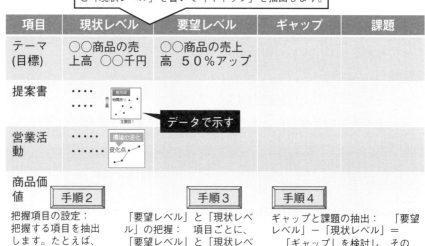

手順 2.　把握項目の設定
手順 3.　要望レベルと現状レベルの把握
手順 4.　ギャップと課題の抽出

(4)　活用のポイント

　要望レベルの作成：「お客様ニーズ」などから抽出します。自社で考える場合、経営方針などから抽出します。

　現状レベルの作成：現状レベルがどうなっているのか調査査し、数値などの事実データで確認します。

(5)　活用事例

　受講者アンケートから抽出した要改善項目「内容の理解度、テキストの見やすさ、事例の紹介、演習の進め方」から要望レベルを設定し、前述の問題の構造を明らかにした「テキストや事例が職場に合っていない、講師が各自自己流で教えている」を現状レベルとしています。

　そして、ギャップを考え、「職場に合った研修内容にする」と「理解しやすい進め方にする」を取り組むべき課題として設定しています。

●研修の充実を図るギャップ表の例

把握項目	現状レベル	要望レベル	ギャップ	課　題
目標	理解度4.0以上 4.0以上6回 4.0未満6回	理解度4.0以上 すべてで4.0以上 （4.0未満0回）	受講者理解度にばらつきがある	受講回ごとのばらつきをなくす
講義内容	テキストや事例が職場に合っていない	受講後、職場で活用できる教材が望まれる	市販のテキストや事例を教材に使っている	職場に合った研修内容にする
講義方法	講師が各自自己流で教えている	どの講師の研修を受けても満足いくものが望まれる	インストラクションが決まっていない	理解しやすい進め方にする

品 質 表

(1)　概　　要

　品質表とは、品質機能展開(QFD：Quality Function Deployment)におい
て、要求事項を品質特性に変換し、設計の仕様目標を決めていくための方法で
す。お客様の要求品質や改善活動でねらうべき品質を言語データによって体系
化し、その品質がもっている要求品質と品質特性との関係の度合いを整理・分
析します。

●**品質表の概念**

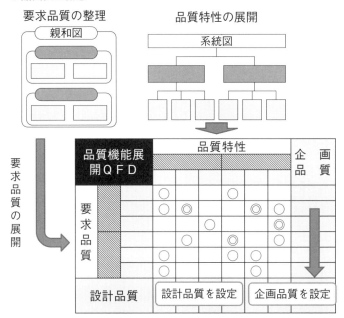

(2)　適　　用

お客様ニーズの実現や新製品の開発などで活用します。

(3)　品質表の作成

品質表を作成する手順は、次のとおりです。

手順 1．要求品質を展開する

お客様の声やコンセプトを作成するときに出てきた要素の言語データから親和図を作成し、系統図に書き換えて要求品質展開表を作成します。

手順 2．品質特性を展開する

対象となる製品の特性を、機能別(厚さ、重量、長さなど)に展開します。この展開表をもとに品質特性展開表を作成します。

手順 3．二元表を作成する

要求品質展開と品質特性展開の二元表を作成し、要求品質と品質特性に関連する情報を二元表に明記します。要求品質と品質特性との交点のマスに、その対応の強さに応じて◎、○の記号を付けていきます。

手順 4．企画品質を設定する

企画品質とは、要求品質ごとに現状レベルを評価し、同種の自社、他社製品と比較し、企画品質のレベルを決定します。

手順 5．設計品質を設定する

品質特性ごとに、要求品質を満足できる仕様を決定します。

次ページの例では、5つの目的から16の要求品質を展開しています。品質特性は、ホッチキスの大きなくくりとして、「紙に針を通し、アームを元に戻す」ことと「針を収納し、1本ずつ出す」特性について、7つの構成品に対して材質と形状を展開しています。

この2つの展開から二元表を作成し、関連性を◎と○で記入し、企画品質と設計品質を設定しています。

●**品質機能展開の作成手順**

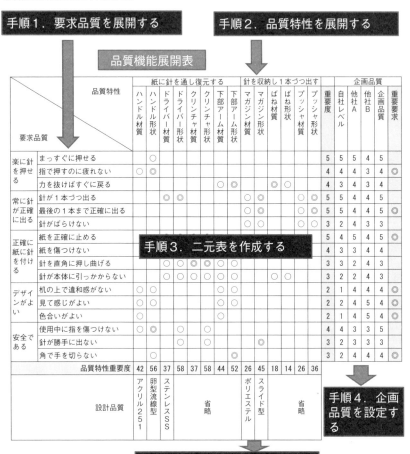

要求品質	品質特性	ハンドル材質	ハンドル形状	ドライバー材質	ドライバー形状	クリンチャ材質	クリンチャ形状	下部アーム材質	下部アーム形状	マガジン材質	マガジン形状	ばね材質	ばね形状	プッシャ材質	プッシャ形状	重要度	自社レベル	他社A	他社B	企画品質	重要要求
楽に針を押せる	まっすぐに押せる		○													5	5	5	4	5	
	指で押すのに疲れない	○	◎													4	4	4	3	4	◎
	力を抜けばすぐに戻る							○	◎			◎	○			4	3	4	3	4	
常に針が正確に出る	針が1本づつ出る			◎	◎					○	◎			○	◎	5	5	4	4	5	
	最後の1本まで正確に出る									○	◎			○	◎	5	5	4	4	5	◎
	針がばらけない									○	◎					3	2	4	3	3	
正確に紙に針を付ける	紙を正確に止める															5	4	5	4	5	
	紙を傷つけない															4	3	3	4	4	
	針を直角に押し曲げる			○	◎	◎	◎	○	○							3	3	2	4	3	
	針が本体に引っかからない				○	○	○	○	○					○	○	3	2	4	4	3	
デザインがよい	机の上で違和感がない	○	○						○							2	1	4	4	3	◎
	見た感じがよい	○	○					○	○							2	2	4	5	4	
	色合いがよい	○							○							2	1	4	4	3	
安全である	使用中に指を傷つけない	○	◎													4	4	3	3	5	
	針が勝手に出ない				○		○						◎			3	2	3	3	3	
	角で手を切らない		○						○							3	2	4	4	4	◎
	品質特性重要度	42	56	37	58	37	58	44	52	26	45	18	14	26	36						
	設計品質	アクリル251	卵型流線型	ステンレスSS	省略	省略	省略	省略	省略	ポリエステル	スライド型	省略	省略	省略	省略						

（手順1．要求品質を展開する／手順2．品質特性を展開する／手順3．二元表を作成する／手順4．企画品質を設定する／手順5．設計品質を設定する）

（4）　活用のポイント

・展開とは

　品質表では、展開ということによって潜在する期待から具体的な期待を把握する解析が行われます。品質表のなかでは展開という考え方が2つの意味をもっています。1つは上図に示したように、抽象的な事柄を細分化して具体的な事柄にまで押し広げることであり、この結果は系統図的に示されます。もう

1つは、具体化したものを抽象化していくということです。

　品質表は顧客が要求する品質を展開した要求品質展開表と、技術的な特性を展開した品質特性展開表との二元表です。品質表ではこの二元表の右横に企画品質設定表を併記します。さらに二元表の下方に設計品質設定表を併記します。

　まず顧客の生の声を原始データとして収集し、原始データを要求品質に変換します。この要求品質を親和図法などによってグルーピングし、要求品質展開表を作成します。要求品質展開表は下図に示したように、要求品質を抽象レベルの高い要求から具体的な要求まで階層構造化されているので三角形で示されています。

　次に、要求品質から実現しているかを示す技術的な特性を抽出します。この特性についても系統図法などによってグルーピングし、品質特性展開表を作成します。

　要求品質展開表と品質特性展開表を二元表にし、二元表の各マスのなかに要求品質と品質特性の対応関係について、その対応の強さに応じて◎○△の記号を用いて記入します。これで品質表の完成です。

●品質表の構想図

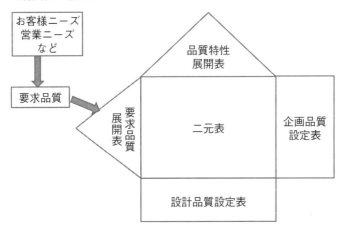

FMEA（信頼性手法）

(1)　概　　要

　FMEA（Failure Mode and Effects Analysis）とは、「故障モードと影響解析」のことであり、部品→故障モード→システムへの影響を評価する手法です。FMEA は従来の経験と知識を活用する系統的な技術手法であり、その手順は、以下のように推測していくというものです。

　①　もしこの部品が故障したら？
　②　どんな故障が？
　③　それは組立品にどんな影響が？
　④　それは製品にどんな影響が？
　⑤　それはどの程度重要な問題なのか？
　⑥　どんな予防対策をすればよいか？

　また、上記⑥の予防対策の考え方としては、

- まず、危険優先数の高い故障モードを取り上げます。
- 故障モードを発生させる確率ランクが高い場合は、故障の発生源を除去することに重点をおいた改善がなされる必要があります。
- 故障モードを検知し得ない確率ランクが高い場合には、検知の対策に重点をおいた改善がなされる必要があります。

(2)　適　　用

　ヒューマンエラーや設備事故を未然に防止することを目的に、設計時点や運用時点で事故やトラブルの事前に検討するときに使用します。

(3)　解　　析

　FMEA の実施手順は、次のとおりです。

手順 1.　製品の目的と分解レベルを設定する

　製品の目的と、システムをどこまで分解するかを設定します。

手順 2.　信頼性ブロック図を作成する

　上記の範囲で信頼性ブロック図を作成します。通常、製品–サブシステム–部品の範囲で信頼性ブロック図を作成します。信頼性ブロック図は、構成品とサブ・システム、サブ・システムとシステムとの間の機能の伝達を示し、それぞれの機能的結合を明確にしようとするものです。信頼性ブロック図は、下図のように構成品を１つのブロックとして箱で示し、それらのブロックを線で結びつけたものです。以下にドライヤーの信頼性ブロック図を示しています。

●ドライヤーの信頼性ブロック図の例

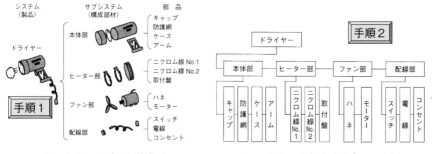

ドライヤーの部品構成図　　　　ドライヤーの信頼性ブロック図

手順 3.　FMEA チャートを作成する

　構成品ごとに、故障モード、推定原因、システムへの影響を検討し、故障モードごとに、発生頻度、厳しさ、検知難易で評価し、危険優先数を計算します。そして、結果から故障等級を設定します。

　故障モードは、機能ブロックごとに、列挙していきます。故障の推定原因とは、類似のシステムの過去の報告書やフィールド・データを参考にして、多くの人の意見を集め、専門家の意見を聞き、十分検討をします。

　そして、システムへの影響評価を行います。具体的には、列挙した故障モードが発生した場合、サブシステムへの影響を考え、システムへの影響を評価し

ます。以上を表したのがFMEAチャートです。

●ドライヤーのFMEAチャート

構成部材			システムへの影響評価				評　　価			
システム	サブシステム	部　　品	故障モード	推定原因	サブシステムへの影響	システムへの影響	発生頻度	厳しさ	検知難易	危険優先
ドライヤー	本体部									
	ヒーター部	ニクロム線No.1	断　線	劣化	熱くならない	温風が出ない	3	5	3	45
		ニクロム線No.2	断　線	劣化	熱くならない	温風が出ない	3	5	3	45
		取付盤	破　損	衝撃	がたつく	持ちづらい	1	3	1	3
	ファン部									
	配線部									

発生頻度	厳しさ	検知の難易
5：たびたび発生	5：機能不能	5：検出不能
3：普通に発生	3：機能低下	3：比較的可能
1：ごくまれに発生	1：影響なし	1：目視で検出

危険優先数：(発生頻度)×(厳しさ)×(検知難易)

　危険優先数を計算し、故障モードの優先順位を決めます。これにより製品や設備および運用上重要点的に管理すべき項目や、改善すべき項目が決まります。この数が高いほど、故障モードは重要なものです。

　危険優先数の求め方は、各評点項目の積となります。

　危険優先数 Cs ＝発生頻度×厳しさ×検知の難易

　故障等級をつけて重要故障モードをランクづけしたい場合には、危険優先数から、4つの故障等級に分けます。

手順4.　要検討構成品を抽出する

①　まず、危険優先数の高い故障モードを取り上げます。

②　故障モードの発生させる確率ランクの高い場合には、設計の改善など、なるべくハード面での再発防止につなげる対策が望ましいです。

（4）　活用のポイント

① 　各故障モードに対して、致命度が計算されるため、重要な故障モード
は、すべて摘出される必要があります。

② 　FMEA の実施にあたって、1 つの問題点は、その作成工数にあります。
どこまで分解するかを正しく判断することが重要です。

（5）　解析例

　下記の事例では、FMEA から、「針供給部」の構成品に対して、壊れやすく、
正確に紙が綴じられないことに対する改良が必要であることがわかりました。

●ホッチキスの FMEA

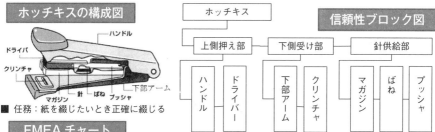

FMEA チャート

サブシステム	構成品	故障モード	推定原因	サブシステムへの影響	システムへの影響	発生頻度	厳しさ	検知難易	危険優先数	故障等級
上側押え部	ハンドル	凹み	落下	持ちづらい	特になし	3	3	1	9	Ⅲ
	ドライバー	曲がる	ムリな押込み	針が折れる	紙が綴じられない	3	5	3	45	Ⅲ
下側受け部	下部アーム	凹み	落下	不安定になる	正しく綴じられない	1	1	1	1	Ⅲ
	クリンチャ	変形	紙以外綴じる	とめられない	曲がって綴じる	1	5	3	15	Ⅲ
針供給部	マガジン	変形	劣化	針が出せない	紙が綴じられない	3	3	3	27	Ⅱ
	ばね	切断	引っかかり	針が送れない	紙が綴じられない	5	5	5	125	Ⅰ
	プッシャ	割れ	引っかかり	針が送れない	紙が綴じられない	4	3	3	36	Ⅱ

発生頻度	厳しさ	検知難易	故障等級
5：たびたび発生する	5：機能不全	5：壊れるまで不明	Ⅰ：要改善
3：たまに発生する	3：機能低下	3：よく見ればわかる	Ⅱ：要観察
1：めったに発生しない	1：機能に問題なし	1：すぐ気が付く	Ⅲ：現状維持

FTA(信頼性手法)

(1) 概　　要

　FTA(Fault Tree Analysis)は、絶対起こってはならない事故・トラブルをトップ事象として一番上に置き、これに影響を与えるサブシステムや部品の故障状態について関連が明らかになるようにする、トップダウン方式の考え方を用いた手法です。

　FTAの実施手順は、次のとおりです。

① 　製品(システム)の故障を選定する

② 　故障の原因をサブシステム、部品まで展開する

③ 　上記で得られた故障と原因の因果関係を論理ゲートを用いて結びつけていく

④ 　解析評価する

(2) 適　　用

　重大トラブルの未然防止策を検討する際に活用できます。この手法は、主に設備の信頼性評価に使いますが、最近では、なぜなぜ分析でも活用されています。

(3) 解　　析

　FTAの実施手順は、次のとおりです。

手順1. 取り上げるトップ事象を設定する

手順2. 重大事象を基本事象まで展開する

　FTAでは、事象記号(展開事象、基本事象、非展開事象)と論理ゲート(ANDゲートとORゲート)を用いて、因果関係を木構造で表現します。

- 事象記号：トップ事象、展開事象、基本事象、非展開事象
- ANDゲート：すべての下位事象が共存するとき上位事象が発生します。

- OR ゲート：下位事象のうちいずれかが存在すれば上位事象が発生します。

FT 図では、1 つの下位の事象が起これば、上位の事象が起こる場合、「OR ゲート」を用いて表します。また、先ほどの「目覚ましが鳴らない」ことと「自然に身が覚めない」という 2 つの事象が起こったとき、上位の「出発遅れ」が発生する場合、「AND ゲート」を用いて表します。これらの記号を論理記号といい、FT 図を作成するときの重要なポイントとなります。

FT 図に用いられる記号には、次のようなものがあります。

●**FTA に用いる主な記号**

種類	記号	名　称	説　明
事象記号		展開事象	さらに展開されていく事象
		基本事象	これ以上、展開することができない基本的な事象
		否展開事象	これ以上展開は不可能な事象、現技術力では展開が不可能な事象
論理記号		AND ゲート	すべての下位現象が共存するときのみ上位現象が発生する。
		OR ゲート	下位現象のうちいずれかが存在すれば上位現象が発生する。
		制約ゲート	このゲートで示される条件が満足する場合のみ出力事象が発生する。

手順 3.　各基本事象の発生確率を予測し、トップ事象の発生確率を計算する

発生確率の計算方法は、次のとおりです。

① 　基本事象の発生確率を求める

② 　展開事象の発生確率を求める

論理ゲートが AND の場合、下位事象の発生確率を足し算します。

論理ゲートがORの場合、下位事象の発生確率を掛け算します。

③　トップ事象の発生確率を求める

次の図では、「建物内の停電発生」をトップ事象に停電の原因を基本事象まで展開し、基本事象の発生確率からトップ事象の発生確率を求めています。また、発生確率は、基本事象が年間の出勤日（250日）のうち何回発生するかを見積もっています。年間一度であれば、

$$1/250 = 10^{-3} = 0.004$$

ということになります。交通渋滞に出くわす確率は月に1度と見積もり、

$$12 \times 4 \times 10^{-3}$$

としています。

●**故障確率の計算**

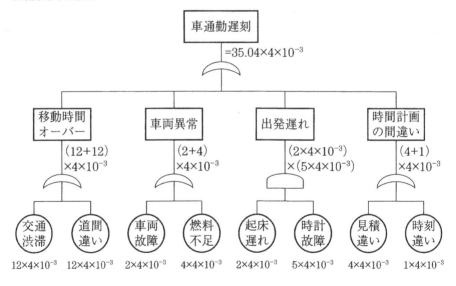

（4）　活用のポイント

①　FTAの上位は、機能で展開します。ハードを記述すると、それ以下の展開が難しくなります。

②　FTAで展開された基本事象は、特性要因図の要因とまったく同じで、

"仮の犯人"であり、それが"真の犯人"であるか否かを事実(データ・実験)で確認する

③　FT 図作成後のフォローアップを忘れないこと。5W1H を明確にする
④　FTA のみ行えば完璧、とはいえません。他の手法と併用する
⑤　一度作成した FTA は、技術標準として蓄積していく

(5)　活用事例

次の例は、建物内の停電を FTA にまとめた例です。

基本事象と非展開事象からトップ事象の発生確率 0.01 を求めています。

●建物内の停電発生の FTA

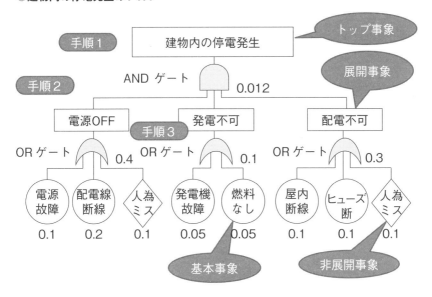

工程 FMEA

(1) 概　　要

　FMEA とは、「故障モードと影響解析」のことであり、単位作業→不具合モード→システムへの影響を分析し、その潜在的要因を探るツールです。FMEA はもともと製品開発で活用する手法で、部品にあたるところに工程を持ってきたのが工程 FMEA です。この工程 FMEA を活用することによって工程上の問題点を見つけ出すことができます。

　ここでは、工程 FMEA を使って電気設備の設置施工時のヒューマンエラーを抽出した例で、実施手順を紹介します。

　次に電気設備設置の工程 FMEA の一例を示します。ここでは、重要度が高い不具合モードに注目し、潜在的要因を明らかにします。

●工程 FMEA とは

■電気設備設置施工のヒューマンエラー検討シート

工程解析			不具合モード	推定原因	影響状況		リスク評価			検討
施工	工程	作業手順			起こりうる事象	事故・トラブル	発生頻度	影響度	重要度	
電気設備設置施工	準備	準備確認 ↓	確認忘れる	作業者が変わる	取りに帰り手待ち	特に支障なし	5	1	Ⅲ	
		現場へ移動 ↓	危険の見逃し	睡眠不足	交通事故発生	死亡事故に至る	3	5	Ⅰ	対応必要
	作業	機材取り付け ↓	機材を間違える	作業個人まかせ	絶縁破壊	電力供給支障発生	3	5	Ⅰ	対応必要
		完了検査	伝票を間違える	確認不足	設備トラブル	検査不良	3	3	Ⅱ	

(2)　適　　用

起こしてはならない事故やトラブルなどを未然防止する際に活用します。

(3)　活用のポイント

「工程 FMEA」を実施する場合は、次の点が重要となります。

① 　QC 工程図を活用し、業務のフローを現場で確認して十分に把握します。

② 　業務の機能を明確にして、必要な場合は機能分析を実施します。

(4)　活用事例

　ある食品会社で「食品の加工時、流通工程での異物混入をさせないこと」を目的に工程 FMEA を行った例です。

　まず、食材搬入から食品調合を経て出荷するまでの工程で、作業名を書き出しました。そして、作業名別に想定される不具合モードを関係者で集まって抽出し、その結果を「工程 FMEA」にまとめました。

● 「食品に異物が混入する」の工程 FMEA の例

プロセス		不具合モード	推定原因	影響状況		リスク評価			備考
工程	作業名			起こりうる事象	システムへの影響	発生頻度	影響度	重要度	
食材搬入	提供箇所でのチェック	❶異物が混入したまま発送	提供元の不衛生	食材に異物が混入する	次工程に異物混入食材が回る	1	4	Ⅳ	○
	食材の受入検査	❷異物混入を見逃す	簡単な外観検査	加工工程に異物混入食材が混じる	次工程に異物混入食材が回る	1	4	Ⅳ	○
食品調合	食材の切断	❸不均一なカット片が発生	機械の不調	加工材のばらつきが発生する	見栄えの悪い加工食品になる	1	2	Ⅱ	
	他の食材との調合	❹調合機械の油が付着する	調合機械の未清掃	加工食品に油が混入する	加工食品の不良品が発生する	1	2	Ⅱ	
	食材の加熱	❺加熱温度を間違える	加熱温度の忘れ	機械油が製品に付着する	加工食品の不良品が発生する	3	2	Ⅲ	
	パック詰めと梱包	❻不適切な封入	作業の不慣れ	包装に隙間が空いた製品ができる	不適切な食品パックができる	3	2	Ⅲ	
出荷	出荷検査	❼不良品の見逃し	検査員の疲れ	不良品が合格品と判定される	市場クレームにつながる	2	4	Ⅴ	◎
	出荷と運搬	❽ゴミ、チリが付着する	運送車両の汚れ	製品にゴミ、チリが付着する	市場に流出してクレームになる	2	4	Ⅴ	◎

リスクマトリックス(リスク分析手法)

(1) 概　要

　リスクマトリックスは、リスクを5段階の重要度に分類し、マトリックス図に表したものです。重要度ランクを下げる、すなわちリスクマトリックスの右下(危険領域)から左上(安全領域)へ移行する策を講じるために用います。

●リスクマトリックスとは

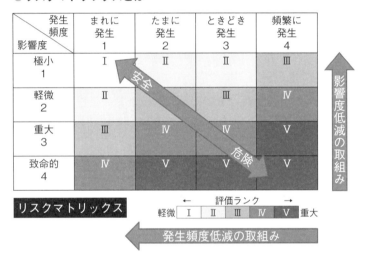

(2) 適　用

　リスクを想定し、その未然防止を検討するときにや、リスクが発生する確率を想定するときなどに活用できます。

(3) 活用のポイント

　「発生頻度」と「影響度」から5段階でランク分けして、次のように総合的に評価します。

　① 　発生頻度：頻繁に発生：「4」、ときどき発生：「3」、たまに発生：「2」、

　　　まれに発生「1」
②　影響度：致命的：「4」、重大：「3」、軽微：「2」、極小：「1」
③　重要度ランク：発生頻度と影響度から5段階でランク分けした「リスク
　　マトリックス」に、「極小（ランクⅠ）〜致命的（ランクⅤ）」で評価した結
　　果を記入します。

（4）　活用事例

　手法41の活用事例をリスクマトリックスに落とし込んだ結果、「不良品が合
格品と判定される恐れ」が、評価レベル「Ⅴ」となりました。次点の評価ラン
クⅣは、食材搬入工程において、提供箇所でのチェック作業時に「異物が混入
したまま発送」されれば、「次工程に異物混入食材が回る結果となること」と、
食材の受入検査時に「異物混入を見逃す」ことが起きれば、「次工程に異物混
入食材が回る」ことになります。

●リスクマトリックスの活用事例

「食品に異物が混入する」のリスクマトリックス

影響度 ＼ 発生頻度	まれに発生 1	たまに発生 2	ときどき発生 3	頻繁に発生 4
極小 1				
軽微 2	❸不均一なカット片が発生 ❹調合機械の油が付着する		❺加熱温度を間違える ❻不適切な封入	
重大 3				
致命的 4	❶異物が混入したまま発送 ❷異物混入を見逃す	❼不良品の見逃し ❽ゴミ、チリが付着する		

←　　評価ランク　　→
軽微　Ⅰ　Ⅱ　Ⅲ　Ⅳ　Ⅴ　重大

エラープルーフ化(リスク分析手法)

(1)　概　　要

　エラープルーフ化(中條武志氏が提唱)とは、「エラーが発生しそうな作業に対して、図より「作業方法を人間に合うよう改善する」ため、「エラーが発生しないようにする」、または、「エラーの影響が大きくならないようにする」方法を検討することです。

●エラープルーフ化とは

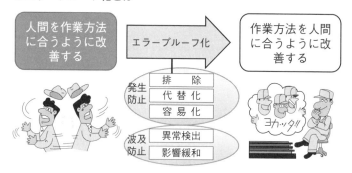

(2)　適　　用

　作業する側の状態が異なっても同じ仕上がりになるようにシステムで対応する方法を検討する必要のある場合に使います。

　例えば、宅配便の料金は、個々で寸法と重さを量るのではなく、カラー表示の巻尺、地域別色分け料金シートといった専用の道具を用いて料金を算出するシステムに変更されました。

(3)　解　　析

　エラープルーフ化には、発生防止と波及防止の2つの方法があります。
　それぞれの例を次に示します。

（4）　活用事例

●発生防止の活用例

項目		考え方		対象となるエラー	エラープルーフ化
発生防止	排除	作業や作業における注意が必要となる原因を取り除き、作業や注意を不要にする		入力値を見間違えて入力する	プログラム上で自動入力できるようにする
				思い込みで入力する	作業系のバーコードで読み取った際に入力値が入力される
	代替化	人が行っていることをより確実ないずれかの方法で置き換え、人が作業しなくてもいいようにする	自動化	組立図と部品図との整合性の確認を忘れる	組立図に記載された寸法が部品図に添付する
				転記を間違える	ラベルを貼り付ける
			支援システム	上位者の検図でも誤記入の発見が出ない	担当者と上位者のチェック項目の順番を変える
				計器の異常を見逃す	正常範囲をマークする
	容易化	作業を人の行いやすいものにしてエラーの発生を少なくする	共有化集中化	入力値を見間違えて入力する	入力値の書類を簡素化する
				標識を見間違える	標識を単純なものにする
			特別化個別化	作業を忘れる	声を出し、指さしを行いながら作業をする
			適合化	チェックシートを活用していても寸法の誤記入が発生する	エラー発生の多い項目に最重要項目を赤字で記載する

●波及防止の活用例

項目		考え方		対象となるエラー	エラープルーフ化
波及防止	異常検出	エラーが発生しても、引き続く作業の中でそれに起因する異常に気付くようにする	動作の検知	加工工程の検査をせずに生産する	加工工程の計測ポイントを現場にプレートで明示する
			動作の制限	間違ったケーブル同士を接続する	間違ったケーブル同士は接続できないように形状を変える
			結果の検知	容器の圧力を上げすぎる	圧力が一定以上になるとアラームを鳴らす
	影響緩和	エラーの影響が致命的でないようにするために、作業を並列化する、あるいは緩衝物や保護を設ける	並列化冗長化	強度計算の再確認をしていない	同じ強度計算を別々に他の人が行う
			フェイルセーフ	設計をしようする際に条件設定を誤る	通常使用されるレベルを大きく超えた条件では停止する
			保護	分析室で作業する際に有害物質を飛散させる	有害物質がかかった場合に備えて、保護眼鏡をかける

IE（生産工学）

（1）　概　　要

　実際に私たちが仕事を計画したり実施するときには、個々の作業にムダがないか、ムリがないかを分析し、改善して最適の仕事を進める必要があります。こういった場合に、人、材料、設備を組み合わせた作業方法（システムや管理方法も含めて）を計画し、改善する手法を IE（Industrial Engineering：生産工学）といいます。

（2）　適　　用

　作業の効率化や時間短縮を検討する際に用います。検討する際に対象とするレベルによっていろいろな方法があります。

（3）　解　　析

1）　工程分析

　工程分析とは、機器や部品あるいは業務などの流れの工程の順序に従って調査分析を行う最も一般的に使われる手法です。
- 製品工程分析、作業者工程分析、連合工程分析、事務工程分析

2）　作業分析

　作業分析とは、各工程について要素作業または単位作業にまで分解した改善を行う場合に用いる分析手法です。工程分析よりさらにつっこんだ作業上のムダやムリ、作業方法、作業条件などの改善と標準化を行います。

3）　動作分析

　作業者の作業動作を細部にわたって分析・検討し、ムリやムダを省いてリズムをもった最良の方法を見出す手法です。

4) 時間研究

　ストップウォッチを用い、作業を要素作業単位に分けて要する時間を測定し、作業に必要な時間を決定します。

●**段階別 IE の種類**

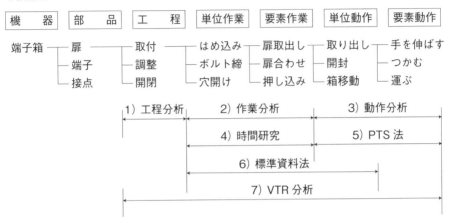

5) PTS法

　PTS(Predetermined Time Standard)法は、どんな作業にも普遍的に発生する要素動作に対し、あらかじめ定められた一定の要素時間値データを適用して、個々の作業の時間値を求めるやり方です。

6) 標準資料法

　標準資料(Standard Data) 法は、初めて発生した作業に対して、あらかじめ時間研究などで作成しておいた資料によって標準時間を求める方法です。

7) VTR分析

　VTR分析は、映像資料を用いて作業を観測する手法です。記録時間が長い、ランニングコストが非常に安いなど、多くの長所があります。

（4）　活用のポイント

　IE を活用する際は、実際に行われている作業についてプロセス図（プロセスマッピング）を書きます。業務フロー図とは、業務の基本的な流れを示すものであり、プロセスマッピングとは実際の業務の流れを書いたものです。プロセスマッピングを書くポイントは次のとおりです。

　Point1.　実際の業務を細分化する

　Point2.　微細な変化から問題に気づく

　●プロセスマッピングとは

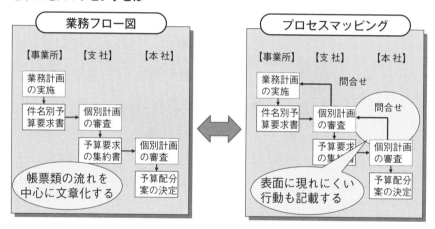

（5）　活用事例

　プロセスマッピングは、実際の業務の流れを忠実かつ詳細に文書化（調整業務などの実際の行動を記載）するので、付加価値を生まない活動、ムダな作業、重複作業などのプロセスの問題点が明確になります。作成には、多くの担当者の協力が必要であり、一人では無理です。

他会社の電柱に通信設備を共架する際に必要な手続き関係をプロセスマッピングに表したものです。

　ここでは、プロセス上の問題点から、申請業務のところでは、工事所管箇所と設備管理箇所が行っていたものを、工事所管箇所が直接申請業務を行うこと

としました。また、調整段階では、電気グループと電路グループが行っていたやり取りの業務を排除することができました。

その結果、業務が6日に短縮されており、約半分の業務量に減少させることができました。

● **プロセスマッピングの概要**

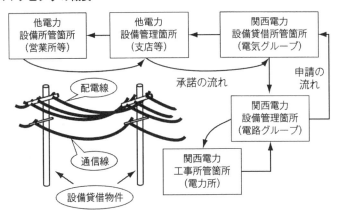

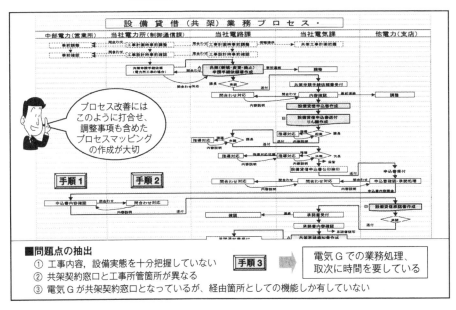

■**問題点の抽出**
① 工事内容，設備実態を十分把握していない
② 共架契約窓口と工事所管箇所が異なる
③ 電気Gが共架契約窓口となっているが、経由箇所としての機能しか有していない

手順3 ➡ 電気Gでの業務処理、取次に時間を要している

プロセス分析

(1)　概　　要

　プロセス分析とは、1業務の改善でなく、業務全体が最適になるように業務の流れを変えることです。

　例えば、メンテナンス・サービスを見てみるとサービスの受付という機能があり、「今日来てほしい」とか「明日来てほしい」といういろいろなところからの要望に対して、「いつ行く」というような訪問計画を立てる機能があります。それからサービススタッフが実際に現場を訪れサービスを実行します。その後に修理費の回収、フォローという業務が続きます。

　ここで、プロセスで見たときには、サービスマンが修理を行ったときに同時に代金をもらってくるという発想が出てきます。機能だけで見ていくと、担当した範囲の仕事の中だけでしか発想できないということになります。

●全体最適化でサービス業を考えた場合

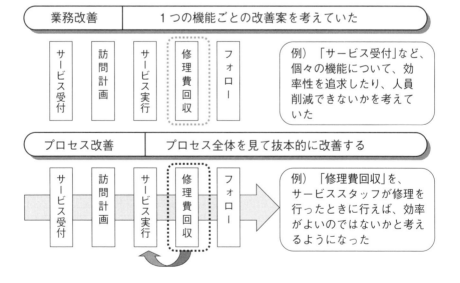

(2)　適　　用

　広い範囲で業務の改善や効率化を考えるとき、全体最適化で改善したいときに用います。

(3)　解　　析

1)　複数の工程の統合

　プロセスは多くの細分化された工程から成り立っています。しかし、このような分業が行き過ぎた場合、工程と工程との間のコミュニケーションが悪くなり、時にはこのことが原因でミスを引き起こすなど、仕事がスムーズに流れないことがあります。

　このような場合には、従来は別々にやっていた工程を統合して、1つにまとめることにより改善することができます。

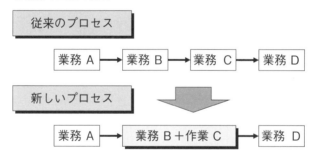

●複数の工程の集合

2)　複数の工程の同時進行

　プロセス改善の手法として重要な視点となるのが「工程の並列化(狭義のコンカレント化)」です。工程の並列化とは、これまで流れ作業的に連続して行われていた工程を並行して同時に行うことであり、飛躍的な時間短縮が期待できます。

●複数の工程の同時進行

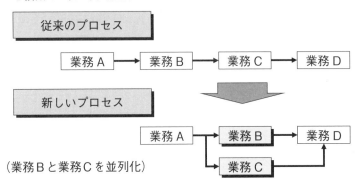

（業務Bと業務Cを並列化）

(4)　活用のポイント

　ここでは、プロセスマッピングを作成します。プロセスマッピングを作成するときのポイントは、次のとおりです。

1)　標準的な業務の流れを書き出す

　まず、仕事の流れを書き出します。このとき、業務手順書や帳票類の流れをベースに作成します。

2)　実際の業務の流れを追加する

　1)で作成した標準的な業務の流れに、打合せや問合せなど、実際に行われている業務を追加します。このとき、次の点を考慮します。

　①　打合せ、調整事項も含め、考えられる業務ステップをすべて記載する
　②　関係者と内容を確認する

(5)　活用事例

　ある会社の人手不足を解決するため、まずは1日の作業の流れを見直し、ムダのない作業スケジュールを立てることから始めました。そこで目に付いたのは、以下のことです。

　①　朝の出荷作業の取りかかりが遅い（9時半の始業から1時間も経過して

いる）

②　昼休憩の間は作業が完全に停滞している

そこで、これまで出荷当日の朝に行っていた補充作業を前日に繰り上げ、昼休憩を時間を2部制にすることで、作業を止めずに続行します。これにより、目標の作業スケジュールが完成しました。

さらに次の問題が浮き上がってきました。お昼休み間も作業を続けなければならないということと、補充作業の人手を確保するため、16時30分から18時まで」12時から14時まで他課から応援をお願いして、すべての作業を18時に終えるようにしました。

●プロセス改善の活用例

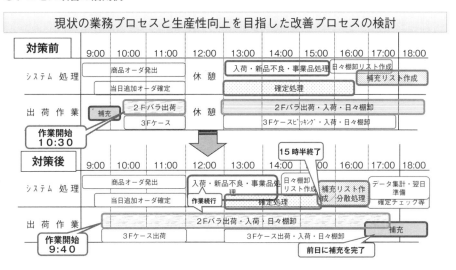

VE（価値工学）

（1）　概　　要

　VE（価値工学）とはその機能を満足させるものをいかに低コストでつくり込む、あるいはどれだけ低コストの代替品を持ち込むことができるか検討する手法です。

●**コストの考え方で従来と VE の違い**

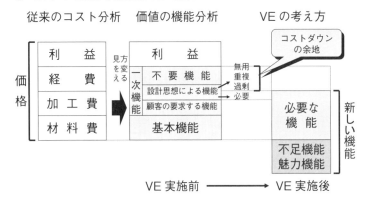

（2）　適　　用

　VE は、コストを検討する際に活用できます。このとき、ものの本質である機能を考えることから始めます。

（3）　解析と活用事例

　VE によるコスト低減は、次の手順で実施します。

手順 1．テーマと目標の設定

　建設現場の仮設道路工事費の低減について、VE を活用して検討します。ここでは、工事費の目標値を現状の 30％削減としています。

　進入路のないところに構造物を建設する場合、借地に仮設道路を作り工事終了後撤去する必要がありました。現在の仮設道路は、発泡スチロールの上に鋼

製ロードマットを置いたものを使っていました。しかし、この建設費が高く、工事費を圧迫していましたので、今回の VE 対象として取り上げました。

●**VE 対象と目標の設定**

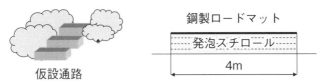

仮設通路　　　鋼製ロードマット／発泡スチロール／4m

手順 2.　機能評価

① 機能分析

対象テーマの果たすべき機能をつかむためには、あらかじめ対象データを構成要素に分割し、その構成要素ごとに機能を明らかにしていきます。具体的には、構成要素ごとに、「果たすべき機能」を名詞と動詞の言葉を使って明らかにします。

機能は手にとって見えないため、VE では言葉のモデルを使ってハッキリさせる。この場合、構成要素が主語で、名詞は目的語となり、動詞はできるだけ具体的な言葉を使います。

この例では、構成要素として、鋼製ロードマット、発泡スチロールごとに機能を名詞と動詞で表したものです。

●**仮設道路の機能分析**

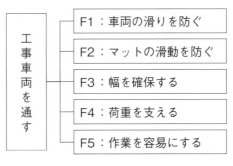

工事車両を通す

- F1：車両の滑りを防ぐ
- F2：マットの滑動を防ぐ
- F3：幅を確保する
- F4：荷重を支える
- F5：作業を容易にする

②　現状コスト分析

機能系統図を作成することによって、対象テーマの果たすべき上位の目的機能が明らかとなります。例示の仮設道路の場合、F1からF5の5つの目的機能があることがわかりました。ここでは、「そのコストがいくらか」というVE質問に答えるため、F1からF5のそれぞれの機能にかかっているコストを調べた結果を機能別現状コストに示します。

③　目標コスト配分

F1からF5の5つの機能をいくらで果たすべきか、それぞれの機能の標コストを設定します。ここでは、チームメンバーの各々の考え方を平均して、目標コストF値を決めています。その結果を目標コスト配分に示します。

④　機能評価

各機能の現状コスト(C)と目標コスト(F)を比較し、各機能の価値指数(V=F/C)を求めます。このCとFの関係から、価値指数の低い機能やC-Fの差が大きい、つまりコスト低減余地の大きい機能から改善に着手します。

ここでは、「F2：ロードマットの滑動を防ぐ」、「F3：幅を確保する」、「F4：荷重を支える」の3つの機能に対し次のVE提案へ進めていきました。

●**機能評価**

コスト余地を重視し
優先順位をつけた

機　能　分　野	現状コストC値	機能コストF値	F値/C値	C－F	順位
F1車輌の滑りを防ぐ	95,000	98,000	103	-3,000	
F2ロードマットの滑動を防ぐ	95,000	56,000	59	39,000	2
F3幅を確保する	141,000	112,000	79	29,000	3
F4荷重を支える	509,000	252,000	50	257,000	1
F5作業を容易にする	160,000	182,000	114	-22,000	
計	1,000,000	700,000	70	300,000	

費用の額は、全て係数で表示している

順位		
1.	F4	荷重を支える
2.	F2	ロードマットの滑動を防ぐ
3.	F3	幅を確保する

手順 3.　アイデア発想と VE 提案

　改善のアイデアを出すには、ブレーンストーミングや発想チェックリスト法などのアイデア発想法を用います。

　一般に VE では、改善対象機能がアイデア発想のテーマとします。その機能では、なかなかアイデアを出しにくい場合は、改善対象機能の下位の手段機能を発想のテーマとします。コストの低い仮設道路の代替案を検討して、具体的なイメージを図示しています。

　検討の結果、形状は、パズルから発想した凸凹・交換パイプ組合せ型にしました。

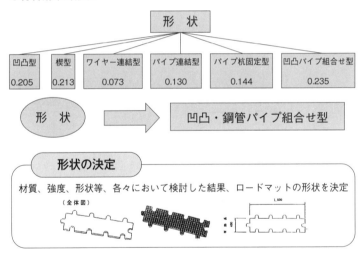

●総合効果的形状

手法 47 発想チェックリスト法（アイデア発想法）

（1）概　要

　短時間で効率的にアイデアを生み出すときに役立つのが、発想を導くためのチェックリストです。「他の代用品は」、「色を変えたら」といったチェックリストを用意して、発想を導く手がかりにします。

　代表的な発想チェックリスト法に、オズボーンの９つのチェックリストがあります。

●オズボーンの９つのチェックリスト

①他に使い道は？　　②応用できないか？　③修正したら？
④拡大したら？　　　⑤縮小したら？　　　⑥代用したら？
⑦アレンジし直したら？　⑧逆にしたら？　　⑨組み合わせたら？

①他に使い道は？	②応用できないか？	③修正したら？	④拡大したら？
●ＪＡ岩手県経済連が「ゆめさんさ」という新品種の米をペットボトルに詰めて、コンビニエンスストアなどで販売した。	●パナソニック電工は、磁石が物を移動できることから、窓の両面を磁石で挟み込む事で両面同時に掃除が出来る商品を作った。	●マイクロソフト社の「ウィンドウズ８」には常に更新ソフトがインストールされるシステムになっている。	●江崎グリコは「鉛筆１本ほどの大きさのポッキー」「マウス程の大きさのアーモンドチョコレート」など巨大お菓子をつくった。

⑤縮小したら？	⑥代用したら？	⑦アレンジし直したら？	⑧逆にしたら？	⑨組み合わせたら？
●健康が気になる現代、カロリー50％、糖分70％、プリン体50％オフの発泡酒を各メーカが発売した。	●お魚の「ししゃもの子」を加工して本物の「かずのこ」の歯ごたえを実現した「かずのこかいな」が作られている。	●日立製作所の冷蔵庫「野菜中心蔵」は、家庭の冷蔵庫の使い方を分析して主婦が疲れる作業を解消するために野菜庫を真ん中にもってきた。	●シャープの冷蔵庫「ハイ！両開」は左右どちらからも開くドアを開発した。	●携帯電話の機能とパソコン機能、カメラ機能などを組み合わせたスマートフォン。

(2)　適　　用

対策案を考えるときの一般的な発想法です。

(3)　活用のポイント

　ブレーンストーミングを活用することがポイントです。このとき、ブレーンストーミングの 4 原則を守って多くのアイデアを出すことが重要です。

【ブレーンストーミングの 4 原則】

①　批判厳禁　　②　自由奔放　　③　大量生産　　④　結合・便乗

(4)　活用事例

　オズボーンの 9 つのチェックリストをヒントに、不要になったペットボトルの使い途を考えます。例えば、まず、「コップ」、「ダンベル」、「イス」…と、現実にあるものを書き出していきます。ある程度アイデアが出尽くしたら、「コップ」→「コーヒーカップ」、「ワイングラス」と出ているアイデアをヒントに展開していきます。

●発想チェックリストによるペットボトルの再利用

アイデアを考えるもの	不用になったペットボトルの再利用方法
チェックリスト	アイデア
① 他に使いみちは？	・水入れ　・コーヒー入れ　・水入れ　・水枕　・猫除け
② 応用できないか？	・花壇の縁　・窓枠の飾り　・照明器具　・一輪差し
③ 修正したら？	・コップ　・計量カップ　・湯呑　・じょうご　・コースター
④ 拡大したら？	・いかだ　・椅子　・テーブル　・ベンチ　・踏み石
⑤ 縮小したら？	・花壇の土　・水切りの敷物　・アートデザインの材料
⑥ 代用したら？	・肩たたき　・踏み竹　・電気の傘　・ボーリングのピン
⑦ アレンジし直したら？	・作業服　・レインコート　・再生ペットボトル
⑧ 逆にしたら？	・水タンクに入れて水洗トイレの節水　・水を凍らせて冷蔵庫
⑨ 組み合わせたら？	・水ロケット　・ヌンチャク　・木槌　・電気スタンド

焦点法(アイデア発想法)

(1) 概　要

　焦点法とは、テーマに対し、次元の違う任意のキーワードをでたらめに選び、これをテーマと強制的に結びつけることでアイデアを得る手法です。

　焦点法で発想する手順は、次のとおりです。

手順1.　アイデアを出すテーマを考える

手順2.　焦点を当てるものを探す

　焦点を当てるものは、アイデアを考える対象とまったくかけ離れたものほどよいアイデアが出ます。

手順3.　焦点の特徴を考え、特徴から中間アイデアを引き出す

手順4.　中間アイデアから具体的なアイデアを考える

(2) 適　用

　ありきたりのアイデアではなく、画期的なアイデアを出したいときに活用します。

(3) 活用のポイント

　焦点とするものは、対象物とは異質なものを設定します。また、キーワードがいろいろ出てくるようなものに焦点をあてます。

(4) 活用事例

　例として、「つい行きたくなるレストラン」をテーマに取り上げ、まったく異質なもの「子犬」に焦点を当て考えてみることにしました。

　まず、子犬から連想される要素を小さい→ヨチヨチ歩く→表情があどけない→…→よく遊ぶ…と列挙します。

　これらの要素をヒントに、焦点法を使って、「子犬」を焦点に当てた「レス

トラン」のイメージを考えていきました。

　その結果、新しいレストランの新しいアイデアとして、「建物はおとぎの国の内装とし、手すりをつけるなど高齢者にも安心して利用できる設備にします。ヘルシーメニューも加え、最寄りの駅からの送迎サービスを行うレストランにします」というものが出ました。

●焦点法によるレストランの企画検討

アイデアを考えるもの	焦点を当てるもの
手順1　　レストラン	手順2　　　子　犬

焦点の特徴	中間アイデア	対象のアイデア
小さい　　手順3	カロリーを考える	健康を考えたヘルシーメニューを提供する
ヨチヨチ歩く	安全を考える	高齢者も安心して利用できるようにする
表情があどけない	可愛さがあふれる	おとぎの国のような内装にする
心が和む	疲れが取れる	お客様の名前を入れた料理を出す
手がかかる	面倒見がよい	送迎サービスを行う　　手順4

アイデアをまとめる	建物はおとぎの国の内装とし、手すりをつけるなど高齢者にも安心して利用できる設備にします。ヘルシーメニューも加え、最寄りの駅からの送迎サービスを行うレストランにします。

アナロジー発想法(アイデア発想法)

(1) 概　　要

アナロジー発想法とは、アナロジー（類似)からアイデアを引き出す手法です。そのものが本来もっている常識的な機能や特徴を列挙し、それらを否定（逆設定)します。その際にクリアになる問題点をキーワードとし、その問題点を検討する際にアナロジーを用います。

アナロジー発想法は、次の手順で行います。

手順1.　アイデアを出すテーマを考える
手順2.　テーマに関する常識的な機能や特徴を列挙し、「逆設定」を行う
手順3.　逆設定の「問題点」と乗り越える「キーワード」を列挙する
手順4.　キーワードを達成するために「アナロジー（類似)」を探し、それをヒントに「アイデア」を発想する

(2) 適　　用

焦点法のように、思い切った発想が求められたときに実施します。

(3) 活用のポイント

「逆設定」を決める場合、まずテーマを決め、属性を並べます。例えば「百貨店の新業態開発」というテーマであれば、基本的属性として「商品を売る」、が考えられます。

次に、その逆を設定します。属性が「商品を売る」ならば「商品を売らない」といった具合です。アナロジー発想法で最も難しい点は、キーワードを出すところにあります。どうしても「問題点＝欠点、どうしようもない」と考えてしまうのです。そこで、例えば、レストランの例をとってみると、「照明が暗いと店の雰囲気が悪い」という欠点になります。反面、「暗いと周りから見られずにカップルなどが二人の世界をつくりやすいのでは」、「いっそうもっ

と暗くしてみれば」と考えれば、それがキーワードです。

(4)　活用事例

　次の例は、アナロジー発想法を用い、「初めてパソコンを使う高齢者にも使いやすいパソコンを開発する」を考えたものです。常識としてパソコンには、「キーボードがある」に対し、逆設定として「キーボードがない」、そのときの問題点として、「キーボードがなければ入力できない」が思い浮かべます。キーワードは、問題点を逆手にとったような、あるいはその問題点が活かされるような用語や言葉で考えをまとめたものを表現します。「キーボードがなくても入力ができる」、そのようなアナロジーは「リモコンや、短縮番号、ATM や切符の発券機」があります。それらから「タッチパネル方式、操作ボタンがなく、音声入力で対話しながら入力できる」というアイデアに結びつけています。以下、順次、項目に従って表を完成させていき、総合的にまとめ上げます。

●アナロジー発想法による高齢者向けのパソコンの発想例

常　識	逆設定	問題点	キーワード	アナロジー	アイデア
キーボードがある	キーボードがない	入力できない	キーボードがなくても入力でき、使える	リモコン親子電話 短縮番号 ATM、発売機	タッチパネル 操作ボタンがない 対話しながらできる
画面がある	画面がない	表示できない	画面がなくても使え 意志の疎通	考える知能を持つ人と会話できるコンピュータロボット	対話しながらコンピュータが使用者の考えを汲み取り操作を忠実に実行し出力する。 パソコンがロボットになる
マウス操作がある（ポイントを選択）	操作がない	機能が使えない	マウスがなくても入力できる	リモコン親子電話 短縮番号 ATM、券売機	タッチパネル 操作ボタンがない
用語の知識が必要である	必要ない	使いづらい	場所・人を問わない	コンビニ、公園 掃除機、自転車	統一規格（基本操作の部分） 見た目で操作がわかる
価格が高い	安い	作れない	個人負担が少ない	医療費 高齢者に対する割引	高齢者への補助制度を活用
周辺機器を繋ぐ	つながない	拡張できない	ケーブルでつなげない	ラジコン・ワープロ リモコン親子電話	すべての通信接続機能を内臓したパソコン（オールインワン）
購入時、アドバイスが必要	アドバイスされない	選べない	見た目で選べる	自転車 家電、洋服	イージーオーダー、 オーダーメイドパソコン

> アイデア案
>
> ・対話型で入力者の意図をパソコンが読み取り、プログラムを実行する。規格は業界で統一化され、汎用性があり、購入者の意図の応じたオプションが追加できる。周辺機器との接続がきわめて簡単。高齢者が購入の際は、補助制度が活用できる。

ベンチマーキング（アイデア発想法）

(1) 概　　要

　ベンチマーキングとは、ある分野で極めて高い業績を上げているといわれている対象と自らを比較しながら、自ら仕事のやり方（業務プロセス）を変えていこうとする改善・改革活動をいいます。

> **ベンチマークの語源**
> ○　ベンチマークとは、土木建築における高低測量の基準となる印を語源とする。

> **ベンチマーキング（Benchmarking、略してBM）とは**
> ○　他所の調査にもとづきベンチマークを決め、それを達成するための一連の活動
> ○　ある分野で極めて高い業績を上げているといわれている対象と自らを比較しながら、自ら仕事のやり方（業務プロセス）を変えていこうとする改善・改革活動

・ベンチマーキングの種類

　ベンチマーキングはベンチマーキング対象箇所によって、「社内ベンチマーキング」「競合ベンチマーキング」「異業種ベンチマーキング」に分類できます。社内ベンチマーキングのほうが簡単ですが、異業種ベンチマーキングへいくほど実施の困難さは大きくなるものの、逆に画期的なヒントを得ることの機会が増えてきます。

(2) 適　　用

　新たな発想をしたいときに実施します。

(3) 実施手順

　ベンチマーキングの実施手順は、次のとおりです。

●ベンチマーキングの種類と特徴

種　類	説　　明	対　象	特　　徴	
社内ベンチマーキング	企業内の同一又は類似の業務プロセスを異なった組織間で比較する	・事業所間 ・異部門間	対応しやすいことから、ベンチマーキングの初期の段階で実施する	簡単 ↑ 困難
競合ベンチマーキング	競合企業に対して特定の業務プロセスを自社と比較する	・同種会社間 ・各社	競合企業の業績は把握できるが、プロセスまでは把握しにくい	参考 ↓ 有用
異業種ベンチマーキング	業界に関係なく特定の業務プロセスに対し自社と比較する	・ホテル （窓口対応）	かなり詳細な情報が得られ、同業界では得られないヒントが得られる	

手順 1.　何をベンチマーキングするか決定する

　解決しなけれなならない問題や達成すべき課題を抽出します。

手順 2.　情報をどうやって収集するか計画する

　情報収集は、画一的な方法ではなく、実際に進める中で効果的・効率的な方法を自ら見出します。情報源の例としては次のようなものがあります。

　• 業界誌、社内のデータ集、各種調査報告書、インターネットの活用

手順 3.　どの企業の何がベスト・プラクティスかを決定する

①　項目・相手を決める

　調査した情報の中から、何処（相手）の何（項目）を学ぶべきかを決ます。

●ベンチマーキング候補企業のリストアップ

	調査企業名		
	A社	B社	C社
事業分野			
売上高			
従業員数			
組織			
企業能力			
・・・・・・・・・・・・・			
ベストプラクティス			
アポイントの可能性			
優先順位	3	1	2
情報入手の可能性	○	◎	△
・・・・・・・・・・・・・			

②　ベスト・プラクティス

どの企業のどんなビジネス・プロセスが業界のベストであり、または世界レベルであるのかを集積した知識ベースが必要です。

③　アポイントの可能性

調査対象となる企業に訪問する際に、知人・友人あるいは取引関係上の知り合いがあるかどうかによって、ベンチマーキングの成功が左右されます。

手順4.　自所の業務プロセスを分析し、問題点を整理する

ベンチマーキングを実施する業務プロセスについて、作業手順を具体的に整理し、業務プロセスに潜む問題点を把握します。

手順5.　綿密な調査計画を立て、調査を実施する

①　データの収集計画

データの収集方法には、「質問書」「電話インタビュー」「個人面談」などがあり、それぞれメリットやデメリットがあるのでベンチマーキングする内容に合わせて計画を立てます。また、これら3つの方法をうまくとり入れて、まず概略を「電話インタビュー」を行い、その結果から「質問書」を作成して事前に先方にお願いします。その後に先方に伺って「個人面談」するという方法もあります。

②　他社の調査のポイント

調査をする側、される側、どちらにとっても貴重な時間を有効に使うには準備します。また、ベンチマーキングは先方に多大な負担をかけるので、改善や改革の目的意識の薄い安易な他企業調査は厳に慎むようにします。

手順6.　他社から何を教訓として学び取れるかを整理する

他社との比較は同じベースに補正して行う必要があります。よく活用する方法は％表示し、規模の違いがあっても同じ土俵で比較できるよう変換します。

また、他社とのギャップというものは常に変化するものであるので、将来どうなるのかということも理解しておく必要があります。

データの情報源は定期的にレビューでき、常に更新できるものでなければなりません。

（3）　活用のポイント

ベンチマーキングを実施するときの留意点は、次のとおりです。

① 相手のコピーをしない

② 簡単な手直しをしない

③ アイデアの盗作をしない

④ 単なる数値を比較しない

まず自分たちは何がしたいのか、問題点の分析を十分行った後にベンチマーキングを実施します、そして、相手の企業のノウハウをしっかりと把握し、自分たちがどうすればいいのかを発想します。

●他所から学び取ったポイントと方策

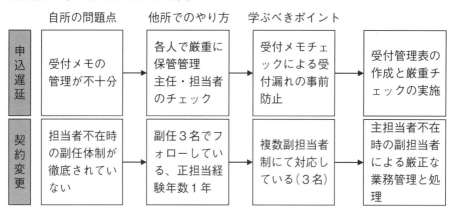

（4）　活用事例

あるショップの例です。お客様から聞かれたことに対して、答えられない、あるいは少し時間をいただいて調べるのですが、お客様から「早くしてよ」と、言われることがたびたびありました。

お客様に評判の旅行代理店があり、「いろいろと行きたいホテルや観光地についてすべて答えてくれる」とのことでした。そこで、異業種ベンチマーキングを行いました。その旅行代理店のスタッフは、「私たちはすべての観光地を回れない、お客様からいただいたアンケートの意見欄のコメントをカード化

し、ファイリングして、見られる場所に置いた」とのことでした。

　ベンチマーキングの結果、このショップ内では、「お客様から聞かれたこと、答えたことをメモに記載し、お客様からいただいた情報を活かす」ことを展開しました。

●ベンチマーキングの事例

改善の目的別
QC手法の
組合せ編

第II部

特性要因図による原因の追究

（1）　概　　要

　一般的に活用される問題解決の際のアプローチ法です。まず、取り上げる問題の重要性を確認し、パレート図から重要な問題点に目を向けます。

　取り上げた問題点の原因を特性要因図で洗い出し、原因の候補を抽出します。そして、要因の検証をデータで行って、原因を特定します。

（2）　適　　用

　職場で発生する問題解決に活用できます。特に製造工程で発生する問題を解決するときに活用します。

（3）　組み合わせる手法

　グラフ、パレート図、特性要因図、ヒストグラム、散布図、統計的手法

（4）　解　　析

手順 1.　問題の設定：現場で発生している問題を「問題発見シート（現状と目的から問題を見つける表）」で取り上げて取り組むテーマを決定します。

手順 2.　現状の把握：パレート図で最も多い問題点を取り上げます。

手順 3.　要因の解析：現状の把握で抽出した問題点の発生原因を特性要因図で洗い出します。このとき、4M（人、機械、材料、方法）の観点から要因を洗い出します。

手順 4.　要因の検証：要因ごとにヒストグラムを書いてばらつきの大きさ、また、結果と要因の散布図から相関の有無を見て原因を特定します。

手順 5.　対策の立案：対策系統図より最適策を立案します。

（5）　活用のポイント

　特性要因図を書くときは、まず問題に対して、4M で層別し、大骨ごとに 2 つの中骨を出します。そして、中骨ごとに 2 つの小骨を出していきます。さらに三現主義を徹底して現場での確認を十分に行います。

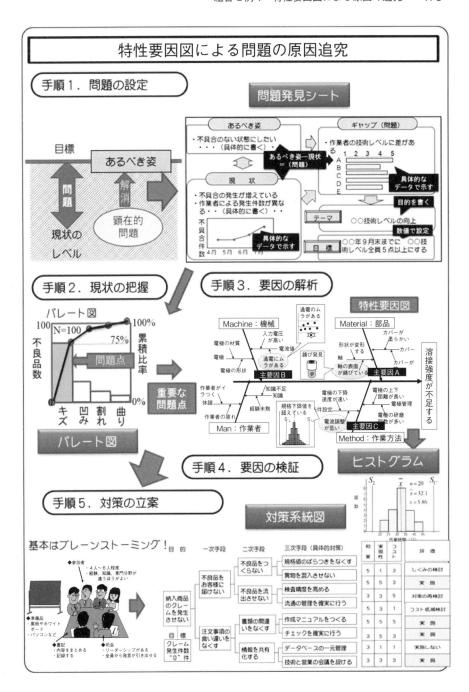

組合せ例 2　ギャップ表による課題の明確化

(1)　概　　要

　現状より高いレベルをめざすときは、要望レベルを設定し、その後現状レベルを調査します。現状レベルが要望レベルに達していないときは、ギャップ表を作成して具体的な課題を抽出します。この具体的課題を達成するために、アイデア発想法も用いてドラスティックな対策を発想します。以上の取組みを課題達成型アプローチといいます。

(2)　適　　用

　新しいことにチャレンジするスタッフ活動や経営方針を展開する場合に活用します。

(3)　組み合わせる手法

　系統図、ポートフォリオ分析、ギャップ表、アイデア発想法

(4)　解　　析

手順 1.　**課題の設定**：経営課題や部門方針から取り組む課題を設定します。

手順 2.　**ギャップ表による課題の明確化**：お客様ニーズなどから要望レベルを設定し、その現状を数値データから把握し、ギャップを設定して、そのギャップから具体的課題を設定します。

手順 3.　**アイデア発想法による対策の立案**：具体的な課題を達成するためのアイデアを、焦点法、アナロジー発想法、ベンチマーキングなどのアイデア発想法を用いて発想します。

(5)　活用のポイント

　課題達成はアイデア重視なのでデータ解析はしなくていい、と思いがちですが、一つひとつの事実をデータで確認していくとよい成果がでます。また、ギャップ表を書くときは、現状レベルを単純に要望レベルの裏返しにならないよう注意します。

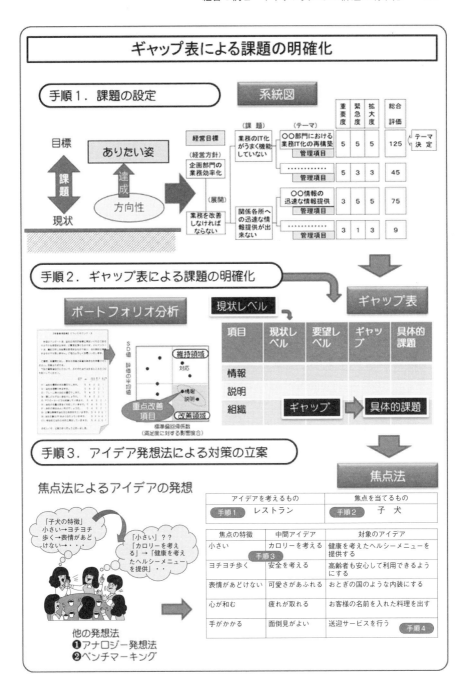

組合せ例 3　品質リスク分析による未然防止

（1）　概　　要

　些細な出来事から重大事故につながる恐れが考えられる仕事に従事している部署では、何がどうなると最悪な状態につながるのかを想定します。想定した結果からかなりの確率で重大事故につながる恐れがある場合、事前に手を打つことが要求されます。

　上記の場合、業務プロセスから問題点を工程 FMEA で探し、リスクマトリックスで評価し、PDPC 法で最悪事態への進展を検討する FMP 分析が有効です。

（2）　適　　用

　医療ミスや食品への異物混入を防ぐために日々、気を使っている部署、ヒューマンエラー防止を検討している部署など。

（3）　組み合わせる手法

　業務プロセスブロック図、工程 FMEA、リスクマトリックス、PDPC 法、エラープルーフ化

（4）　解　　析

手順1.　問題や課題の設定：未然防止を図りたい業務を抽出します。

手順2.　リスク分析（FMP 分析）の実施：工程 FMEA による不具合モードを抽出し、リスクマトリックスにより重要度を評価します。重要な課題について、PDPC 法による最悪の事態への進展を検討します。

手順3.　エラープルーフ化で対策の検討：発生防止と影響防止を考えます。

（5）　活用のポイント

　想定外ということを避けるため、過去事例や他社事例を集めてリスク分析（FMP 分析）を行っていきます。

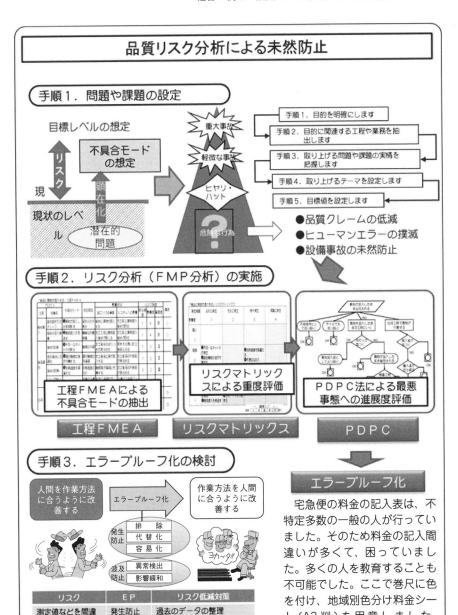

品質リスク分析による未然防止

手順１．問題や課題の設定

目標レベルの想定

不具合モードの想定

リスク

現

現状のレベル

潜在的問題

顕在化

重大事故

軽微な事故

ヒヤリ・ハット

危険事行為

?

手順１．目的を明確にします
手順２．目的に関連する工程や業務を抽出します
手順３．取り上げる問題や課題の実情を把握します
手順４．取り上げるテーマを設定します
手順５．目標値を設定します

●品質クレームの低減
●ヒューマンエラーの撲滅
●設備事故の未然防止

手順２．リスク分析（ＦＭＰ分析）の実施

工程ＦＭＥＡによる不具合モードの抽出

リスクマトリックスによる重度評価

ＰＤＰＣ法による最悪事態への進展度評価

工程ＦＭＥＡ　　リスクマトリックス　　ＰＤＰＣ

エラープルーフ化

手順３．エラープルーフ化の検討

人間を作業方法に合うように改善する　→エラープルーフ化→　作業方法を人間に合うように改善する

発生防止：排除／代替化／容易化
波及防止：異常検出／影響緩和

リスク	ＥＰ	リスク低減対策
測定値などを間違えて記載する	発生防止	過去のデータの整理
	影響緩和	ダブルチェックの採用
点検器材の配線を間違える	発生防止	配線の先端に色表示したキャップを取り付ける
	異常検出	

　宅急便の料金の記入表は、不特定多数の一般の人が行っていました。そのため料金の記入間違いが多くて、困っていました。多くの人を教育することも不可能でした。ここで巻尺に色を付け、地域別色分け料金シート（A3判）を用意しました。以後、ほとんど記入ミスがなくなりました。

プロセス分析による事務業務の改善

(1)　概　　要

　事務部門の改善は、業務のやり方に改善ポイントがある場合が多いものです。これらの問題を解決するには、業務の流れを把握し、どこに問題があるのかをさがし出すことが重要です。また、効率が悪く、手間が多くかかっている業務を、プロセス分析を活用して見つけていきます。

(2)　適　　用

　企画、経理、庶務業務の改善に活用できます。

(3)　組み合わせる手法

　プロセスマッピング、グラフ、ヒストグラム、プロセス分析、ギャップ表

(4)　解　　析

手順 1.　業務プロセスの書き出しと問題点の抽出：関係者でプロセスマッピングを作成し、どこに、問題があるのかを探します。

手順 2.　実態の把握：グラフなどから変化点に注目します。また、ヒストグラムからばらつきの大きい業務もに着目します。

手順 3.　ギャップと具体的課題の抽出：DOA（業務中心のアプローチ）によるプロセス改善の進めます。

　①　インプットとアウトプットでデータ変換のないプロセスの排除

　②　後続のプロセスで活用されていない帳票・伝票などの排除

　③　入力データ項目と出力データ項目が同一のプロセスの排除（重複したプロセスなど）

(5)　活用のポイント

　業務の流れは、実際の流れ（プロセスマッピング）を書いてください。なお作成にあたっては、関係する人たちに参加してもらうとよくなります。

事務部門のプロセス分析

○事務部門の仕事は業務フロー図などににもとづいて進められています。

手順1. 業務プロセスの書き出しと問題点の抽出

・問題が発生している業務に関連するプロセスマッピングを書きます。ここでは、実際の流れを書きます。

・仕事の結果は、処理完了件数・処理期間・処理状態などです。
・取り組む問題をプロセスマッピングから書き出します。

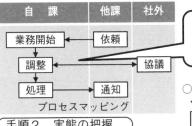

プロセスマッピング

問題点
依頼内容の不備
協議事項決裂
問合せ回数

・処理日数にばらつきがある

処理日数／月別

○仕事の結果は、
・処理完了件数 ・処理期間 ・処理状態

問題　○○業務の処理日数のばらつき低減

手順2. 実態の把握

・実態を調査します。「時系列の変化」「ばらつきやかたより」で見ます。
・「層別」すれば、より原因に近づきます。

ばらつき
処理日数

しくみの問題
標準が合わない
担当のばらつき

かたより
処理日数

ある特定のケースでの問題
層別する

工程	最小	平均	最大
業務1	3	5	10
業務2	1	2	2
業務3	12	20	25
業務4	1	1	4

・処理日数は受付から処理完了までのデート印で測定します。
・処理期間は、最大、標準、最小を記入します。

手順3. ギャップと具体的課題の抽出

・実態の把握で明らかになった「問題点の項目」を記入します。
・項目ごとに「現状レベル」、「要望レベル」を記入し、「ギャップ」と「具体的課題」を考えます。

項　目	現状レベル	要望レベル	ギャップ	具体的課題
仕事の進め方	多様化	パターン処理	方法1つ	3パターン化
担当の能力	自業務のみ	他業務習得	知識意欲	他業務経験
処理日数	ばらつきがある	標準で処理	標準化	用紙作成

・現状レベル、要望レベル、ギャップ欄には、数値やグラフを入れます。

具体的な対策検討へつなぎます。

販売部門の売上分析

（1）概　　要

売上を伸ばす活動において、問題の原因を解消するだけでは売上は伸びません。よい点を分析すると同時にライバル社の攻勢に打ち勝つ対策も必要です。ここでは、SWOT 分析が有効です。そのためのデータは、販売活動と売上の相関から求めることもできます。

（2）適　　用

営業部門の販売活動を行っている部署、売上を伸ばしたいと考えている管理職。

（3）組み合わせる手法

連関図、グラフ、散布図、層別散布図、SWOT 分析、クラスター分析、ポートフォリオ分析

（4）解　　析

手順 1.　**結果と要因の関係性の把握**：企業内部から強みと弱み、市場からチャンスと脅威となる要素を抽出します。さらに、売上の時系列をグラフに表し、変化点に注目します。

手順 2.　**要因の検証**：複数の事実をデータで検証し、データを層別します。また、結果と要因のデータをとり、散布図を書いて相関の有無を調べ、相関のある要因に着目します。

手順 3.　**SWOT 分析**：企業内部から「強み」と「弱み」を、外部や市場から「機会」と「脅威」を抽出し、SWOT 分析を行います。

（5）活用のポイント

「強み」と「機会」を活かす施策を考えます。「弱み」と「脅威」からこれらを克服する施策を考えます。このとき、活動を数値化することが重要となります。

販売部門の売上分析

○販売部門の取組みは、主に「売上」や「シェア」です。

手順1．結果と要因の仮説設定 ・仮説構造図の作成：「売上が伸びない」など取り上げる問題に対する要因を洗い出し、構造を考える

| 成功事例による要因 | 発見したチャンス | 結果の変化 |

仮説構造図

時系列グラフ

環境の変化

要因 要因 要因
現象 現象 要因
要因 結果 要因
現象 現象 要因
要因 要因 要因

売上高 変化点

月別

・変化点で何があったのか調べます。

| 売れない原因 | 競合他社の動き |

手順2．要因の検証 ・実数値データもしくはSDデータ

結果と要因の相関

全体散布図　　層別散布図

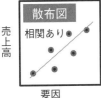

散布図
相関あり
売上高
要因
・結果と要因の相関を見ます。

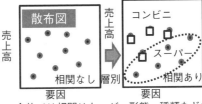

散布図
売上高
相関なし
要因

層別

コンビニ
スーパー
相関あり
売上高
要因

・全体では相関はないが、形態、種類などで層別すると相関のあるものがわかります。

手順3．SWOT分析 ・結果から強み、弱み、機械、脅威を抽出します。

| 強　み | 機　会 |

・成功事例の要因から抽出

・技術力
・販売体制

・ニーズ変化
・量販店

・チャンスの要因から抽出

・消極的
・連携が不足

・他社価格
・他社営業力

・他社の動きから抽出

・売れない要因から抽出

| 弱　み | 脅　威 |

・対策：強みを生かし弱みを改善します。
・機会を取り込み脅威を克服します。

組合せ例
6
サービス部門のニーズの可視化

(1) 概　　要

ソフトなどのサービスを商品として扱う際は、受けたサービスに対してお客様が満足しているかどうかで品質管理を行います。お客様がサービスの提供を断ってくる前に手を打たなければなりません。そのためには、アンケートによってニーズを可視化する必要があります。

(2) 適　　用

サービスを提供している部門、介護、医療部門や通信会社、警備会社、企業の企画担当など

(3) 組み合わせる手法

連関図、SD 法、アンケート設計、ポートフォリオ分析、重回帰分析、クラスター分析、ギャップ表など

(4) 解　　析

手順 1. アンケート用紙の設計：仮説構造図を作成し、結果系質問と要因系質問を考えます。

手順 2. 重点改善項目の抽出：構造分析やポートフォリオ分析を行い、重点改善項目と重点維持項目を抽出します。

手順 3. ギャップ表の作成：ポーフォリオ分析で得られた重点改善項目の要望レベルを設定し、現状レベルを測定してギャップを出します。このギャップから具体的課題を抽出します。

(5) 活用のポイント

アンケートを行う場合、設計をしっかり行うことが重要です。「何でも自由に書いてください」では、ほとんど「特になし」で返ってきます。

アンケートを実施する側で仮説を立てて、その評価をカテゴリから選択するか、SD 法に基づいて数値化した形で答えてもらうようにします。

サービス部門のニーズの可視化

○サービス部門の取組みは、主に「お客様満足度向上」です。

手順1．アンケート用紙の設計

結果系質問：当施設利用のお客様満足度
要因系質問：ケアサービス、信頼度、施設のよさ、職員の対応など

連関図

企業活動

電話応対　ケアサービス　クレーム対応

目的

施設のよさ　お客様満足度　職員の明るさ

宣伝PR力　信頼性　オープン性

情報発信

SD法（5段階）

アンケート用紙の作成

Q1：当所の電話応対は適切でしたか。
Q2：当所は信頼できますか
Q3：クレーム時の対応は適切でしたか。
Q4：隠しごとがない施設でしょうか。
Q5：ケアサービスは充実していますか。
Q6：当所の職員は明るく対応していますか。
Q7：当所の施設はよいものでしょうか。
Q8：必要な情報が当所から発信されていますか。
Q9：当所の宣伝PRはよく伝わっていますか。
Q10：総合的に当所の対応に満足していますか。

手順2．重点改善項目の抽出

ポートフォリオ分析

アンケート結果

重回帰分析

No.	要因A	要因B	要因C	・・・	結果
1	【要因系データ】・数値データ　・SD値			5	4
2	2	3	2	3	3
3	SD値（平均値）			5	3
平均	2.00	2.67	3.00	4.33	3.33

No.	係数	t値	SD値
要因A	0.45	3.09	2.00
要因B	0.30	2.61	2.67
要因C	0.02	1.44	3.00
標準偏回帰係数		2.00	4.33

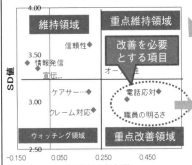

維持領域　　重点維持領域

改善を必要とする項目

信頼性

情報発信

宣伝...　オー...

ケアサー...　電話応対◆

クレーム対応　職員の明るさ◆

ウォッチング領域　　重点改善領域

SD値　4.00　3.50　3.00　2.50
標準偏回帰係数　-0.150　0.050　0.250　0.450

手順3．ギャップ表の作成

・満足度に影響が強く評価点の低い企業活動を重点的に改善します。

項目	現状レベル	要望レベル	ギャップ	具体的課題
電話応対	一方的	お客様の立場	職員のゆとり	余裕を持った
職員の明るさ	業務的対応	家庭的対応	忙しい	ゆとりの醸成

具体的な対策検討へつなぎます。

品質機能展開による商品開発

（1）概　　要

　新製品の開発では、お客様ニーズを技術に置き換えることから始めます。ここでは、品質機能展開を実施します。

　まず、お客様や営業の立場から要求品質を展開し、商品の特性を展開して二元表を作ります。品質機能展開です。この品質表から企画品質表と設計品質表がアウトプットされます。これがもとになって商品の設計書となります。その後、必要に応じて、技術展開、コスト展開、信頼性展開、業務展開を経て商品の製造がはじまります。

（2）適　　用

　商品設計部門や新規企画部門で新商品設計部門で活用できます。

（3）組み合わせる手法

　親和図による要求品質展開表、系統図による品質特性の展開表、品質表、VE、FMEA など

（4）解　　析

手順 1.　コンセプトの作成

手順 2.　品質機能展開の実施：要求品質の展開と品質特性の二元表を作成します。

手順 3.　コストの検討：VE などを活用して、機能別コストから最適コストを求めます。

手順 4.　信頼性の評価：コスト低減後、FMEA などで信頼性の検討を行います。

（5）活用のポイント

　各展開を行い、展開表と展開表の二元表を作成していくことが重要です。決して一覧表にならないようにします。

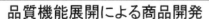

品質機能展開による商品開発

手順 1. コンセプトの作成

・設計・開発する製品やシステムを設定し、お客様の期待をとらえて、コンセプトとして仕上げます

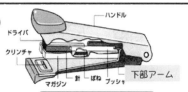

ホッチキス

手順 2. 品質機能展開の実施

・要求ニーズを集め、要求品質展開としてまとめます
・製品やシステムの技術的な品質特性を品質特性としてまとめます

デスクを明るくする
卵型ホッチキス！価格は 1 個 300 円
■価格：同種の中で一番安い
■サイズ：掌にすっぽり入る
　子供が触ってケガをしない

系統図による機能展開

系統図

品質特性の展開

お客様の声
言語データ

製品の要求
や営業の要
求など

親和図などで整理

要求品質の展開

親和図

品 質 特 性

要求品質

品質表

品質目標

企画品質表

設計品質表

・製品の量産やシステムの構築にあたってのコストの検討をVEで行います

手順 3. コストの検討

手順 4. 信頼性の評価

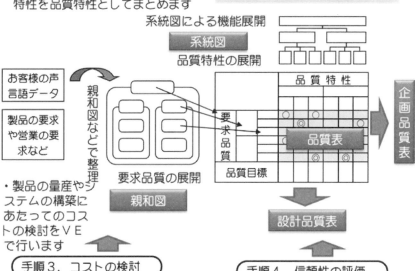

VE

FMEA

実験計画法による最適水準の決定

(1)　概　　要

新製品の開発で製造条件を設定するときは、因子の水準を決めて実験を行うことによって、最適条件を見つけることができます。

実験計画法を実施するには、いくつかある実験計画の中から目的に合わせて選択します。因子数が多くなった場合は、実験回数を減らして、直交配列実験を行います。

(2)　適　　用

製造工程の設計を行う場合や、問題の発生している工程の条件を検討する場合に活用します。

(3)　組み合わせる手法

パレート図、ヒストグラム、工程能力指数、特性要因図、相関・回帰分析、一元配置実験、二元配置実験、直交配列実験、乱塊法実験、平均値の差の検定など

(4)　解　　析

手順 1.　**問題の設定**：最適水準を求めたい特性値を設定します。

手順 2.　**特性値の把握**：ヒストグラムから工程の状態を把握します。工程能力指数 C_{pk} を計算し工程能力を把握します。

手順 3.　**特性値 Y に影響する要因を検討**：特性要因図を書き、結果と要因のと相関から因子を決定します。回帰分析を行って、因子の水準を設定します。

手順 4.　**実験計画の実施**：目的に合った実験計画を決め、実施します。実験の結果から最適水準を求めます。

手順 5.　**効果の確認**：再現実験を行い、効果を見ます。

(5)　活用のポイント

実験を行う際は、簡単なものから高度なものへと順次進めていきます。

実験計画法による最適水準の決定

手順1．問題の設定

・不良件数などの計数値データを層別し、パレート図から重要な問題点Aを抽出します。

パレート図

手順2．特性値の把握

・問題を表す計量値の特性値を設定します。
・平均とばらつき、Cpを計算します。

ヒストグラム

問題Xの特性値Y

n=**
平均値=**
標準偏差=**
CP=*

手順3．特性値Yに影響する要因を検討

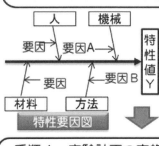

特性要因図

・特性値Yに影響する要因を特性要因図で洗い出します。

相関分析・回帰分析

特性値Y

要因A、B

・相関分析から因子を設定し、回帰分析から水準を設定します

手順4．実験計画の実施

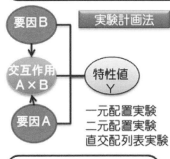

実験計画法

一元配置実験
二元配置実験
直交配列表実験

要因	平方和	自由度	分散	分散比	判定
A	＊＊＊	＊	＊＊	＊＊	＊＊
B	＊＊＊	＊	＊＊	＊＊	＊＊
A×B	＊＊＊	＊	＊＊	＊＊	＊＊
誤差	＊＊＊	＊	＊＊		
合計	＊＊＊	＊			

分散分析表

手順5．効果の確認

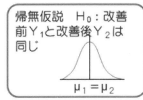

帰無仮説　H_0：改善前Y_1と改善後Y_2は同じ

$\mu_1 = \mu_2$

平均値の差の検定

・改善後、特推値Yは改善されたかどうかを検定を行います

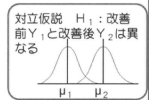

対立仮説　H_1：改善前Y_1と改善後Y_2は異なる

μ_1　μ_2

なぜなぜ分析による原因追究

（1）　概　　要

　事故が発生したとき、その事故に対して「なぜ事故が起こったんだ」と考えながら系統図を使って「なぜ？なぜ？」と問いかけて原因を追究していく方法を「なぜなぜ分析」といいます。

　事故は、大抵は 2 つ以上の原因によって引き起こされることが多いものです。したがって、事故をトップ事象において FTA を行うことで対応策を考えることができます。

（2）　適　　用

　工程内に発生した事故、社会的に影響を与えた事故の再発防止・未然防止に携わる部門

（3）　組み合わせる手法

　系統図、FTA

（4）　解　　析

手順 1.　「なぜ？なぜ？」の展開：事故の原因を挙げ、「なぜ？なぜ？」と展開していきます。複数の想定される要因を挙げていきます。全体を系統図で表し、再度見直してみることが重要です。

手順 2.　原因の追究：系統図を参考に FT 図を書きます。発生確率と影響度から重要度を計算し、FTA を行います。

（5）　活用のポイント

　なぜなぜ分析のポイントは、発生した現場および現物の状況をつぶさに調べあげ、層別してから「なぜ？」を考ることです。設備故障の場合、故障の状態を細かく観察し、現象からなぜ・なぜを繰り返します。

　系統図から複数の要因が発生することに着目し AND と OR ゲートをつないでいきます。ここで 5 ゲン主義を念頭に実行するとよい結果が得られます。

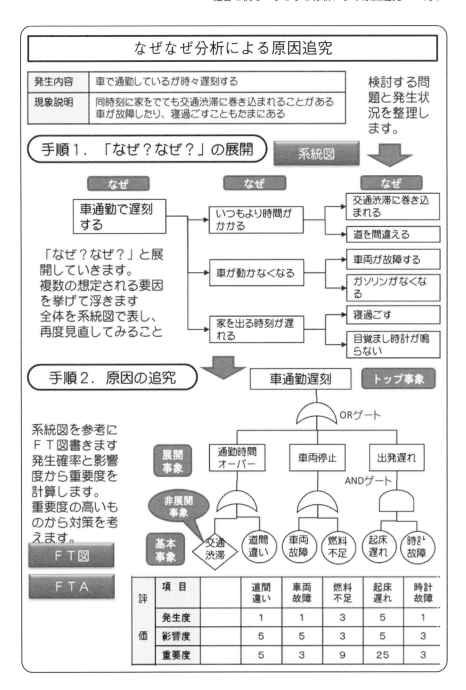

なぜなぜ分析による原因追究

発生内容	車で通勤しているが時々遅刻する
現象説明	同時刻に家をでても交通渋滞に巻き込まれることがある 車が故障したり、寝過ごすこともたまにある

検討する問題と発生状況を整理します。

手順1．「なぜ？なぜ？」の展開　系統図

なぜ　　**なぜ**　　**なぜ**

車通勤で遅刻する
→ いつもより時間がかかる
　→ 交通渋滞に巻き込まれる
　→ 道を間違える
→ 車が動かなくなる
　→ 車両が故障する
　→ ガソリンがなくなる
→ 家を出る時刻が遅れる
　→ 寝過ごす
　→ 目覚まし時計が鳴らない

「なぜ？なぜ？」と展開していきます。
複数の想定される要因を挙げて浮きます
全体を系統図で表し、再度見直してみること

手順2．原因の追究

車通勤遅刻　**トップ事象**

ORゲート

展開事象：通勤時間オーバー　車両停止　出発遅れ

ANDゲート

非展開事象

基本事象：交通渋滞　道間違い　車両故障　燃料不足　起床遅れ　時計故障

系統図を参考にFT図書きます
発生確率と影響度から重要度を計算します。
重要度の高いものから対策を考えます。

FT図

FTA

評価	項目		道間違い	車両故障	燃料不足	起床遅れ	時計故障
	発生度		1	1	3	5	1
	影響度		5	5	3	5	3
	重要度		5	3	9	25	3

コラム7　商品企画七つ道具

　「よいものを安く買いたい」、これを実現した企業の商品が買われていきます。「よいもの」は品質管理をしっかりと行えばほぼ達成できますが、安くするために極端な品質低下を起こしたのでは何にもなりません。品質には、魅力的品質と当たり前品質があります。このうち魅力的品質は、お客様のニーズに見合っているものを付加していき、当たり前品質は確実に残していきます。そのため、商品に対するお客様要求事項を確実につかむことです。ここでは3つの見える化のステップが要求されます。

　商品企画七つ道具はこれらのお客様情報を企業戦略に結びつける手法です。

Step1.　お客様ニーズの見える化

　これには、アンケートや市場調査が有効です。アンケートはお客様にとって煩わしいものです。アンケート調査を有効に効率的に行うには、グループインタビューで仮説を立て、お客様の気持ちを正確に引き出すことが望まれます。

　そのうえで適切な解析手法を使って、お客様の本音をつかみます。このときアンケート結果からクロス集計やポジショニング分析を行います。

Step2.　お客様ニーズを生かした商品実現化への見える化

　Step1でつかんだ情報を技術へ転用するために、お客様ニーズから要求事項を具体化し、商品機能に展開します。このとき、発想チェックリスト法、表形式発想法(アナロジー発想法や組合せ発想法のように表を使って発想していく手法)でアイデアを出し、コンジョイント分析や品質表で実現していきます。

Step3.　信頼度を高めた商品実現のための見える化

　以上の商品をお客様が、安心・安全・満足していただくため、製造分野に展開していきます。このとき、品質機能展開表、QA 表、QC 工程表が有効になります。

引用・参考文献

1) 今里健一郎：『目標を達成する 7 つの見える化技術』、日科技連出版社、2016年
2) 今里健一郎：『改善力を高めるツールブック』、日本規格協会、2004 年
3) 今里健一郎：『品質リスクの見える化による未然防止の進め方』、日科技連出版社、2017 年
4) 今里健一郎・高木美作恵：『実務に直結！　改善の見える化技術』、日科技連出版社、2019 年

索　引

【著者紹介】

今里　健一郎　（いまざと　けんいちろう）

1972 年 3 月　福井大学工学部電気工学科卒業

1972 年 4 月　関西電力株式会社入社

同社北支店電路課副長、同社市場開発部課長、同社 TQM 推進グ
ループ課長、能力開発センター主席講師を経て退職(2003 年)

2003 年 7 月　ケイ・イマジン設立

2006 年 9 月　関西大学工学部講師、近畿大学講師

2011 年 9 月　神戸大学講師、流通科学大学講師

現在　ケイ・イマジン代表

主な著書

『Excel でここまでできる統計解析　第 2 版』、日本規格協会、2015 年（共著）

『Excel で手軽にできるアンケート解析』、日本規格協会、2008 年

『QC 七つ道具がよ〜くわかる本』、秀和システム、2009 年

『新 QC 七つ道具の使い方がよ〜くわかる本』、秀和システム、2012 年

『図解　すぐに使える統計的手法』、日科技連出版社、2012 年（共著）

『実務に直結！　改善の見える化技術』、日科技連出版社、2019 年（共著）

品質管理に役立つ QC 手法ツールボックス 50

50 の手法と 9 つの組合せ活用例

2020 年 1 月 29 日　第 1 刷発行

著　者　今 里 健 一 郎

発行人　戸 羽　　節 文

検　印
省　略

発行所　株式会社 日科技連出版社

〒151-0051　東京都渋谷区千駄ケ谷 5-15-5
DS ビル

電話　出版 03-5379-1244
　　　営業 03-5379-1238

印刷・製本　㈱中央美術研究所

Printed in Japan

© *Kenichiro Imazato 2020*

URL https://www.juse-p.co.jp/

ISBN 978-4-8171-9687-3